GB/T 37408—2019
《光伏发电并网逆变器技术要求》
标准解读

中国电力科学研究院有限公司　编
中国电力企业联合会　审定

中国电力出版社
CHINA ELECTRIC POWER PRESS

内 容 提 要

本书按 GB/T 37408—2019《光伏发电并网逆变器技术要求》的条文顺序对标准进行了逐条解读，内容涉及光伏发电并网逆变器的分类、环境条件、安全要求、电气性能、电磁兼容性能、标识、文档、包装盒储运等相关技术要求的解析。书中先列出标准条文，再对应列出条文解读内容，方便标准使用者更加深入、全面地理解标准内容，有效促进标准的贯彻实施。

本书可供光伏发电并网技术领域的工程技术人员、管理人员等阅读使用，也可作为高等院校相关专业师生的参考书。

图书在版编目（CIP）数据

GB/T 37408—2019《光伏发电并网逆变器技术要求》标准解读 / 中国电力科学研究院有限公司编. —北京：中国电力出版社，2020.11
ISBN 978-7-5198-5123-1

Ⅰ. ①G⋯　Ⅱ. ①中⋯　Ⅲ. ①太阳能光伏发电–逆变器–行业标准–中国
Ⅳ. ①TM615-65

中国版本图书馆 CIP 数据核字（2020）第 211335 号

出版发行：中国电力出版社
地　　址：北京市东城区北京站西街 19 号（邮政编码 100005）
网　　址：http://www.cepp.sgcc.com.cn
责任编辑：郑艳蓉（010–63412379）　曹　慧
责任校对：黄　蓓　常燕昆
装帧设计：王红柳
责任印制：钱兴根

印　　刷：北京博图彩色印刷有限公司
版　　次：2020 年 11 月第一版
印　　次：2020 年 11 月北京第一次印刷
开　　本：880 毫米×1230 毫米　32 开本
印　　张：4.875
字　　数：218 千字
印　　数：0001—2000 册
定　　价：38.00 元

编　委　会

前　　言

随着全球经济高速发展，人类对能源的需求日益增长，太阳能作为可再生能源的重要形式，最早得到各国政府重视，各国陆续出台太阳能光伏激励政策，光伏发电在全球范围内呈现爆炸式增长态势。

我国具有利用太阳能的良好自然条件。我国太阳能光伏发电模式早期以西北集中式发电为主，随着国家能源结构优化推进，中东部光伏市场崛起，太阳能光伏发电呈现大规模集中式和分布式并举的开发模式，具有"大规模集中开发、远距离大容量送出"和"点多面广分散接入、高穿透率集群式开发"的特点。同时，随着"领跑者计划"的政策推动以及太阳能电池结构设计、微纳级激光精密加工等技术的进步，光伏发电的度电成本进入下降通道，光伏发电平价上网趋势明显。在多项国家政策的鼓励下，我国成为全球光伏发电增长最快的国家。2014 年，我国光伏新增装机容量为 10.6GW，占全球光伏新增装机容量的 1/5，超越德国，首次成为全球第一大光伏市场。2016 年，中国光伏装机容量达 34.54GW，首次超过当年风电装机容量。2017 年，我国新增新能源发电装机占比 53.7%，首次超过 50%，其中光伏累计装机容量占全国电源总装机的 16.7%。2018 年，受"5·31"光伏新政的影响，光伏发电装机的增速有所放缓，但光伏发电装机总量仍在持续快速增长。2019 年，全国光伏新增装机容量为 30.11GW，光伏累计装机容量达到 204.30GW。

然而，大规模集中并网的形式对电力系统的稳定运行提出了新的课题和挑战。光伏发电系统作为电源并网将影响原有电网架构，同时由于光伏发电本身所特有的随季节、日夜输出变化产生的波动性、随机性、间歇性，也将对电网安全稳定运行产生深入的影响。首先，作为电源接入的影响主要体现在对电网规划、潮流分布、短路容量、继电保护等方面；其次，其波动特性将引起电网电压波动及闪变、对电网电压/频率稳定及运行控制等方面产生影响；同时，太阳能光伏发电系统一般是通过并网逆变器接入公共电网，必然对电网造成一定的谐波污染，严重影响电网的电能质量指标；光伏发电系统的规模接入还给电网安全稳定分析计算和制定相应的控制策略带来了大量难题。并网试验检测在大规模光伏发电站、分布式光伏发电系统和微电网并网接入等应用领域发挥着重要作用，是光伏发电并网发展中必不可少的重要环节。大部分国家的电网运营商在授予光伏发电站入网许可之前，都要求依据相关标准规范对接入电网的光伏发电站在有功功率和无功功率控制、电能质量、电压和频率调节及故障穿越能力等方面进行严格、规范的并网试验检测，为光伏发电并网安全稳定运行提供技术支撑。

国家能源局 2014 年下发的《关于进一步加强光伏电站建设与运行管理工作的通知》里提到："为加强光伏工程建设的质量管理，并网运行的光伏电站项目须采用经国家认证认可监督管理委员会批准的认证机构认证的光伏电池组件、逆变器等；项目单位进行设备采购招标时，应明确要求采用获得认证且达到国家规定指标的产品。"国家工业和信息化部 2015 年发布的《中国制造 2025》中也指出，我国要发展高效太阳能发电设备。文中提到，"到 2025 年，具备持续创新能力，完善产业配套，形成完整的研发、设计、制造、试验检测和认证体系。"目前，我国在光伏发电并网检测认证体系、并网试验检测技术要求与方法、并网试验检测装备和并网仿真试验技术等方面已取得了一批丰硕成果，有力地推动了国内光伏发电产业的发展。

根据"国家标准委关于下达《产业园区废气综合利用原则和要求》等 177 项国家标准制定计划的通知"（国标委综合〔2014〕78 号）要求，中国电力科学研究院有限公司开展了 GB/T 37408—2019《光伏发电站逆变器并网技术要求》的编制工作。

标准正式立项后，由中国电力科学研究院有限公司等组成的标准编制组广泛进行市场调研，收集国内外有关资料，结合光伏发电领域多家主流企业产品现状和技术发展动态，确定标准的制订方案和总体思路，后经标准编制组及相关专家的充分研究讨论和多次审查修改，2018年6月1日，形成最终报批稿GB/T 37408—2019《光伏发电并网逆变器技术要求》。

本标准规定了光伏逆变器的分类、环境条件、安全、电气性能、电磁兼容、标识与文档等相关技术要求，与国家标准GB/T 37409《光伏发电并网逆变器检测技术规范》配套使用，适用于并网型光伏逆变器。

本标准在编写时参考了包装与运输、灼热实验、电能质量、低压电气、电磁兼容性等现行相关国家标准。

本标准对光伏发电并网逆变器的相关性能指标作出了详细的规定，为规范光伏逆变器产品性能和质量提供了重要依据。

本书对GB/T 37408—2019《光伏发电并网逆变器技术要求》进行逐条解读，方便标准使用者更加深入、全面地理解标准内容。全书由吴福保、汪毅组织编写，丁杰统稿。其中，第1~3章由陈志磊、李臻编写，第4章由秦筱迪、李臻编写，第5章由方宏苗、秦筱迪编写，第6章由黄晓阁、王宁编写，第7章由秦筱迪、张军军、夏烈、牛晨晖、包斯嘉、徐亮辉、杨青斌、郭重阳、吴蓓蓓编写，第8章由王佳、方宏苗编写，第9章由张小敏、尹娜、刘美茵编写，第10章由尹娜、刘美茵编写，第11章及附录由刘美茵、李臻编写。全书编写过程中得到了刘云峰、辛凯、叶洪良、段鲁良、方言、刘殿铭、常安等人员的大力协助，在此一并表示衷心的感谢！

编　者

2020年8月

目　录

1 范围

本标准规定了光伏发电并网逆变器的分类、环境条件、安全要求、电气性能、电磁兼容性能、标识、文档、包装、运输和储运等相关技术要求。

本标准适用于并网型光伏逆变器。

【解读】标准的第 1 章规定了标准的适用范围，也介绍了标准的框架结构。逆变器的分类，环境条件，安全要求，电气性能，电磁兼容性能，标识与文档，包装、运输和储存分别在标准的第 4～10 章中有详细规定。

光伏发电系统分为并网型和离网型两类。离网型光伏发电系统使用的离网型光伏逆变器需要满足建立同步额定频率，维持电网电压平衡等相关功能，其电气性能与并网型光伏逆变器完全不一样，因此本标准只适用于并网型光伏逆变器，不适用于离网型光伏逆变器。

2 规范性引用文件

下列文件对于本文件的应用是必不可少的。凡是注日期的引用文件，仅注日期的版本适用于本文件。凡是不注日期的引用文件，其最新版本（包括所有的修改单）适用于本文件。

GB/T 191　包装储运图示标志

GB/T 4798.2　电工电子产品应用环境条件　第 2 部分：运输

GB/T 5169.11　电工电子产品着火危险试验　第 11 部分：灼热丝/热丝基本试验方法　成品的灼热丝可燃性试验方法（GWEPT）

GB/T 12326　电能质量　电压波动和闪变

GB/T 13384　机电产品包装通用技术条件

GB/T 14549　电能质量　公用电网谐波

GB/T 15543　电能质量　三相电压不平衡

GB/T 16935.1　低压系统内设备的绝缘配合　第 1 部分：原理、要求和试验

GB/T 16935.3　低压系统内设备的绝缘配合　第 3 部分：利用涂层、罐封和模压进行防污保护

GB/T 16935.4　低压系统内设备的绝缘配合　第 4 部分：高频电压应力考虑事项

GB/T 17626.2　电磁兼容　试验和测量技术　静电放电抗扰度试验

GB/T 17626.3　电磁兼容　试验和测量技术　射频电磁场辐射抗扰度试验

GB/T 17626.4　电磁兼容　试验和测量技术　电快速瞬变脉冲群抗扰度试验

GB/T 17626.5　电磁兼容　试验和测量技术　浪涌（冲击）抗扰度试验

GB/T 17626.6　电磁兼容　试验和测量技术　射频场感应的传导骚扰抗扰度

GB/T 17626.8　电磁兼容　试验和测量技术　工频磁场抗扰度试验

GB/T 17799.2　电磁兼容　通用标准　工业环境中的抗扰度试验

GB/T 19964　光伏发电站接入电力系统技术规定

GB/T 24337　电能质量　公用电网间谐波

GB/T 29319　光伏发电系统接入配电网技术规定

GB/T 37409　光伏发电并网逆变器检测技术规范

【解读】本标准在编写时参考并引用了相关现行国家标准，包括包装与运输相关标准：GB/T 191《包装储运图示标志》、GB/T 4798.2《电工电子产品应用环境条件　第 2 部分：运输》、GB/T 13384《机电产品包装通用技术条件》。灼热实验相关标准：GB/T 5169.11《电工电子产品着火危险试验　第 11 部分：灼热丝/热丝基本试验方法成品的灼热丝可燃性试验方法》。

电能质量的相关国家标准：GB/T 12326《电能质量　电压波动和闪变》，GB/T 15543《电能质量　三相电压不平衡》，GB/T 14549

《电能质量 公用电网谐波》，GB/T 24337《电能质量 公用电网间谐波》。

低压电气相关标准：GB/T 16935.1《低压系统内设备的绝缘配合 第 1 部分：原理、要求和试验》，GB/T 16935.3《低压系统内设备的绝缘配合 第 3 部分：利用涂层、罐封和模压进行防污保护》，GB/T 16935.4《低压系统内设备的绝缘配合 第 4 部分：高频电压应力考虑事项》。

电磁兼容性相关国家标准：GB/T 17626.2《电磁兼容 检测和测量技术 静电放电抗扰度检测》，GB/T 17626.3《电磁兼容 检测和测量技术 射频电磁场辐射抗扰度检测》，GB/T 17626.4《电磁兼容 检测和测量技术 电快速瞬变脉冲群抗扰度检测》，GB/T 17626.5《电磁兼容 检测和测量技术 浪涌（冲击）抗扰度检测》，GB/T 17626.6《电磁兼容 检测和测量技术 射频场感应的传导骚扰抗扰度》，GB/T 17626.8《电磁兼容 检测和测量技术 工频磁场抗扰度检测》，GB/T 17799.2《电磁兼容 通用标准 工业环境中的抗扰度检测》。

3 术语和定义

下列术语和定义适用于本文件。

【解读】本部分对标准中涉及的重点术语进行了解释，已与目前国内发布的标准保持统一。

3.1

决定性电压等级 decisive voltage classification

在最严酷的运行工况下，任意带电零部件之间可产生的最高持续电压等级。

【解读】IEC 62109－1：2010 *Safety of power converters for use in photovoltaic power systems－Part 1：General requirements*（《光伏电力系统用电力变流器的安全 第 1 部分：一般要求》）原文并没有给出决定性电压等级（DVC）的定义，只是给出了 DVC 的确定方法：

Protective measures against electric shock depend on the decisive voltage classification of the circuit, which is determined from Table 6 and 7.3.2.4.The decisive voltage classification for a circuit is the least severe classification for which both of the following are complied with:

—the working voltage limits of Table 6, and

—the applicable protective measures of 7.3.2.4.

考虑对标准整体理解的需要，本标准在对 IEC 62109－1：2010 *Safety of power converters for use in photovoltaic power systems －Part 1： General requirements* 中 7.3.2 高度概括的基础上增加了决定性电压等级的定义。

3.2

保护特低电压系统　protective extra－low voltage（PELV） system

在正常运行或单一故障条件（不包括其他电路中的接地故障）下，交流电压有效值不超过 50V 或直流电压不超过 120V 的电气系统，也称作 PELV 系统。

【解读】根据 IEC 62109－1：2010 *Safety of power converters for use in photovoltaic power systems －Part 1： General requirements* 中术语 3.24 和术语 3.54 的注，综合给出的定义。

3.24

Extra Low Voltage（ELV）

NOTE 1 In IEC 60449 band I is defined as not exceeding 50 V a.c.r.m.s.and 120V d.c.

3.54

PELV system

electric system in which the voltage cannot exceed the value of extra low voltage:

—under normal conditions and

—under single fault conditions, except earth faults in other electric circuits.

3.3

安全特低电压系统　safety extra－low voltage（SELV）system

在正常运行或单一故障条件（包括其他电路中的接地故障）下，交流电压有效值不超过 50V 或直流电压不超过 120V 的电气系统，也称作 SELV 系统。

【解读】根据 IEC 62109－1:2010 *Safety of power converters for use in photovoltaic power systems －Part 1: General requirements* 中术语 3.24 和术语 3.88 的注，综合给出的定义。

3.24

Extra Low Voltage（ELV）

NOTE 1　In IEC 60449 band I is defined as not exceeding 50 V a.c.r.m.s.and 120V d.c.

3.88

SELV system

electric system in which the voltage cannot exceed the value of extra low voltage:

—under normal conditions and

—under single fault conditions, including earth faults in other electric circuits.

3.4

保护连接　protective bonding

使可触及导电部件或者保护屏蔽与保护导体端子保持电气连贯性的电气连接。

【解读】来源于 IEC 62109－1: 2010 *Safety of power converters for use in photovoltaic power systems －Part 1: General requirements* 中术语 3.67。

3.67

protective bonding

electrical connection of accessible conductive parts or of protective screening to provide electrical continuity to the protective conductor terminal.

3.5

保护隔离　**protective separation**

通过基本绝缘和附加绝缘或其他等同保护措施（如：加强绝缘或保护阻抗）将不同保护级别的电路相互隔开的结构、措施。

【解读】来源于 IEC 62109 − 1：2010 *Safety of power converters for use in photovoltaic power systems −Part 1：General requirements* 中术语 3.76。

3.76

protective separation

a construction means to maintain the separation between circuits of different protection levels even in the event of a single fault as described in 7.3.3.

NOTE　Protective separation is a separation between circuits by means of basic and supplementary protection（basic insulation plus supplementary insulation or protective screening）or by an equivalent protective provision（for example，reinforced insulation or protective impedance）.

3.6

功能绝缘　**functional insulation；FI**

保证设备正常运行的绝缘措施，其不能对电击危险进行防护，但可减少引燃或着火的可能性。

【解读】来源于 IEC 62109 − 1：2010 *Safety of power converters for use in photovoltaic power systems −Part 1：General requirements* 中术语 3.29。

3.29

functional insulation（FI）

insulation that is necessary only for the correct operation of the equipment.

NOTE　Functional insulation by definition does not protect

6

against electric shock.It may，however，reduce the likelihood of ignition and fire.

3.7

基本绝缘　basic insulation

在正常工作条件下，只能对防电击起基本保护的绝缘。

【解读】来源于 IEC 62109 – 1：2010 *Safety of power converters for use in photovoltaic power systems –Part 1： General requirements* 中术语 3.2。

3.2

basic insulation

insulation which provides a single level of protection against electric shock under fault – free conditions.

NOTE　Basic insulation may serve also for functional purposes.

3.8

附加绝缘　supplementary insulation

基本绝缘之外附加的独立绝缘，在基本绝缘失效时可以提供防电击保护。

【解读】来源于 IEC 62109 – 1：2010 *Safety of power converters for use in photovoltaic power systems –Part 1： General requirements* 中术语 3.92。

3.92

supplementary insulation

independent insulation applied in addition to basic insulation in order to provide protection against electric shock in the event of a failure of basic insulation.

3.9

双重绝缘　double insulation

由基本绝缘和附加绝缘构成的绝缘。

【解读】来源于 IEC 62109 – 1：2010 *Safety of power converters for use in photovoltaic power systems –Part 1： General requirements* 中术

语 3.15。

3.15

double insulation

insulation comprising both basic insulation and supplementary insulation.

3.10

加强绝缘　**reinforced insulation**

在规定的条件下，某单一绝缘系统提供的防电击保护等级相当于双重绝缘。

注：单一绝缘系统是指由一个或多个绝缘层组成，但每个绝缘层不能逐层拆分为基本绝缘或附加绝缘。

【解读】来源于 IEC 62109 – 1：2010 *Safety of power converters for use in photovoltaic power systems – Part 1：General requirements* 中术语 3.80。

3.80

reinforced insulation

single insulation system applied to live parts, which provides a degree of protection against electric shock equivalent to double insulation under the conditions specified.

NOTE　A single insulation system does not imply that the insulation must be one homogeneous piece.It may comprise several layers which cannot be tested singly as basic or supplementary insulation.

3.11

Ⅰ类保护　**protective class Ⅰ**

通过基本绝缘和可触及导电部件的保护接地来防止电击，当基本绝缘失效时可触及导电部件不带电。

【解读】来源于 IEC 62109 – 1：2010 *Safety of power converters for use in photovoltaic power systems – Part 1：General requirements* 中术语 3.69。

3.69

protective class I

protection against electric shock by means of basic insulation and protective earthing of accessible conductive parts, so that accessible conductive parts cannot become live in the event of a failure of the basic insulation.

3.12

Ⅱ类保护　protective class　Ⅱ

不仅通过基本绝缘来防止电击，而且提供了如双重绝缘或者加强绝缘等附加安全防范措施，这种保护既不依靠保护接地，也不依赖于安装条件。

【解读】来源于 IEC 62109 - 1: 2010 *Safety of power converters for use in photovoltaic power systems -Part 1: General requirements* 中术语 3.70。

3.70

protective class　Ⅱ

protection against electric shock that does not rely on basic insulation only, but in which additional safety precautions such as double insulation or reinforced insulation are provided, there being no provision for protective earthing or reliance upon installation conditions.

3.13

Ⅲ类保护　protective class　Ⅲ

通过决定性电压等级 A 的电路供电来防止电击，且电路本身不产生危险电压。

【解读】来源于 IEC 62109 - 1: 2010 *Safety of power converters for use in photovoltaic power systems -Part 1: General requirements* 中术语 3.71。

3.71

protective class　Ⅲ

equipment in which protection against electric shock relies upon supply from decisive voltage classification A circuits and in which hazardous voltages are not generated.

NOTE For class Ⅲ equipment, although there is no requirement for protection against electric shock, all other requirements of the standard apply.

3.14

封闭电气操作区域   closed electrical operating area

电气设备使用的房间或区域，该区域只能具备相关技能或受过专门训练的人员用钥匙或工具打开门或移除安全栅后才能进入且明显标示了警告标识。

【解读】来源于 IEC 62109 – 1：2010 *Safety of power converters for use in photovoltaic power systems – Part 1： General requirements* 中术语 3.9。

3.9

closed electrical operating area

room or location for electrical equipment to which access is restricted to skilled or instructed persons by the opening of a door or the removal of a barrier by the use of a key or tool and which is clearly marked by appropriate warning signs.

3.15

操作人员接触区   operator access area

在正常工作条件下可接触的设备以下区域之一：

a)   不使用工具就能接触的区域；

b)   可按预定的方式接触的区域；

c)   按指示接触的区域。

【解读】来源于 IEC 62109 – 1：2010 *Safety of power converters for use in photovoltaic power systems – Part 1： General requirements* 中术语 3.49。

3.49

operator access area

a part of the PCE to which, under normal operating conditions, one of the following applies:

—access can be gained without the use of a tool, or

—the means of access is deliberately provided to the operator, or

—the operator is instructed to enter regardless of whether a tool is needed to gain access.

3.16

故障穿越 fault ride through

当电力系统事故或扰动引起逆变器交流出口侧电压超过正常运行范围时，在规定的变化范围和时间间隔内，逆变器能够保证不脱网连续运行。

注：故障穿越包括低电压穿越和高电压穿越。

3.17

低电压穿越 low voltage ride through

当电力系统事故或扰动引起逆变器交流出口侧电压跌落时，在一定的电压跌落范围和时间间隔内，逆变器能够保证不脱网连续运行。

3.18

高电压穿越 high voltage ride through

当电力系统事故或扰动引起逆变器交流出口侧电压升高时，在一定的电压升高范围和时间间隔内，逆变器能够保证不脱网连续运行。

【**3.16～3.18解读**】来源于 GB/T 19964—2012《光伏发电站接入电力系统技术规定》中术语 3.8。

3.8

低电压穿越 low voltage ride through

当电力系统事故或扰动引起光伏发电站并网点电压跌落时，在一定的电压跌落范围和时间间隔内，光伏发电站能够保证不脱网连续运行。

考虑对标准整体理解的需要，本标准根据 GB/T 19964—2012 中术语 3.8 进行拓展延伸，参照"低电压穿越"的定义给出了"高电压穿越"和"故障穿越"的定义，并将术语中的定义对象由"光伏发电站"修改为"逆变器"。

3.19

孤岛 islanding

包含负荷和电源的部分电网，从主网脱离后继续孤立运行的状态。

> 注：孤岛可分为非计划性孤岛和计划性孤岛。非计划性孤岛指的是非计划、不受控地发生孤岛。计划性孤岛指的是按预先配置的控制策略，有计划地发生孤岛。

【解读】来源于 GB/T 19964—2012 中术语 3.9。

3.20

防孤岛 anti‑islanding

防止非计划性孤岛现象的发生。

【解读】来源于 GB/T 19964—2012 中术语 3.10。

4 逆变器分类

4.1 按交流输出相数分类

逆变器按交流输出相数分类可分为：

——单相逆变器；

——三相逆变器。

【解读】单相逆变器主要为 AC 220V 电压等级的户用型逆变器和直接与光伏组件连接的微型逆变器，其电路拓扑结构比较简单。三相逆变器为并网型逆变器的主流，其电路拓扑结构相对复杂。

4.2 按使用环境分类

逆变器按使用环境分类可分为：

——户外型逆变器，指完全或部分暴露在室外的逆变器；

——户内 I 型逆变器，指安装于建筑或防护罩内，带空气调节装置的逆变器；

——户内 II 型逆变器，指安装于建筑或防护罩内，不带空气调节装置的逆变器。

【解读】按照安装环境分类，目的是对应于第 5 章"环境条件"对不同使用环境的逆变器分别提出指标要求。本标准参照 IEC 62109 – 1：2010 *Safety of power converters for use in photovoltaic power systems–Part 1：General requirements* 对户内、户外型逆变器进行了严格定义：

3.36

indoor，unconditioned

equipment environmental classification in which the PCE is fully covered by a building or enclosure to protect it from direct rain，sun，wind – blown dust，fungus，and radiation to the cold night sky，etc.，but the building or enclosure is not conditioned in terms of temperature，humidity or air filtration，and the equipment may experience condensation.

3.37

indoor，conditioned

equipment environmental classification in which the PCE is fully covered by a building or enclosure to fully protect it from rain，sun，wind – blown dust，fungus，and radiation to the cold night sky，etc.，and the building or enclosure is generally conditioned in terms of temperature，humidity and air filtration.Condensation is not expected

3.50

outdoor

equipment environmental classification in which the PCE is fully or partly exposed to direct rain，sun，wind，dust，fungus，ice，condensation，radiation to the cold night sky，etc.，and to the full range of outdoor temperature and humidity；wet location requirements apply.

IEC 62109 – 1：2010《光伏电力系统用电力变流器的安全 第 1

部分：一般要求》中对户外和户内逆变器做了详细区分，主要区别在于是否完全或部分暴露于室外，受到如雨水、日光、风、灰尘、真菌、冰、冷凝水、寒夜等环境影响；户内型逆变器还根据其被覆盖的建筑物或外壳是否经过温度、湿度或空气过滤的调节而有无冷凝，进而划分为两类户内型逆变器，也就是本标准中的户内Ⅰ型和户内Ⅱ型逆变器。

目前国内已发布的光伏逆变器相关标准中规定了不同安装环境下的三种逆变器，但没有进行明确定义。

4.3 按接入电压等级分类

逆变器按接入电压等级分类可分为：

——A 类逆变器，指应用于光伏发电站并网电压等级满足 GB/T 19964 的要求的逆变器。

——B 类逆变器，指应用于光伏发电系统并网电压等级满足 GB/T 29319 的要求的逆变器。

【解读】按照接入电压等级分类的目的是对应于第 7 章"电气性能"中对不同类型的逆变器分别提出指标要求。目前已发布的光伏电站并网标准（GB/T 19964《光伏发电站接入电力系统技术规定》和 GB/T 29319《光伏发电系统接入配电网技术规定》）中是按照不同的电压等级和电网的接入位置对电站的并网性能提出要求，因此本标准与光伏发电站并网技术要求保持统一。

注 1：GB/T 19964《光伏发电站接入电力系统技术规定》适用于接入 35kV 及以上电压等级并网，以及通过 10kV 电压等级与公共电网连接的新建、改建和扩建光伏发电站。

注 2：GB/T 29319《光伏发电系统接入配电网技术规定》适用于通过 380V 电压等级接入电网，以及通过 10（6）kV 电压等级接入用户侧的新建、改建和扩建光伏发电系统。

目前国内已发布的光伏逆变器相关标准中，没有按照接入电压等级这个维度对光伏逆变器进行明确分类，无法对应两项光伏电站并网技术要求的标准。

4.4 按电气结构分类

逆变器按电气结构分类可分为：

——隔离型逆变器；

——非隔离型逆变器。

注1：隔离型逆变器指在交流输出电路和直流输入电路之间具备基本绝缘
隔离的逆变器。

注2：非隔离型逆变器指在交流输出电路和直流输入电路之间不具备基本
绝缘隔离的逆变器。

【解读】隔离型逆变器实现了直流输入侧与交流输出侧的电气隔断，可以提高并网电能的质量，且电磁兼容性能相对较高，最重要的是隔离型逆变器提高了安全性能，提高了系统抗冲击性能，减少了人身触电风险。本标准主要参照 IEC 62109-2：2011 *Safety of power converters for use in photovoltaic power systems - Part 2: Particular requirements for inverters*（《光伏电力系统用电力变流器的安全 第2部分：反用换流器的特殊要求》）和 IEC 62548：2016 *Photovoltaic(PV) arrays - Design requirements* 对隔离型逆变器和非隔离型逆变器进行了严格定义：

IEC 62109-2：2011 *Safety of power converters for use in photovoltaic power systems - Part 2: Particular requirements for inverters* 中具体条文如下：

3.106

isolated inverter

an inverter with at least simple separation between the mains and PV circuits.

NOTE 1 In an inverter with more than one external circuit, there may be isolation between some pairs of circuits and no isolation between others.For example, an inverter with PV, battery, and mains circuits may provide isolation between the mains circuit and the PV circuit, but no isolation between the PV and battery circuits.In this standard, the term isolated inverter is used as defined above in general - referring to isolation between the mains and PV circuits.If two circuits other than the mains and PV circuits are being discussed, additional wording is used to clarify the meaning.

NOTE 2 For an inverter that does not have internal isolation between the mains and PV circuits, but is required to be used with a dedicated isolation transformer, with no other equipment connected to the inverter side of that isolation transformer, the combination may be treated as an isolated inverter.Other configurations require analysis at the system level, and are beyond the scope of this standard, however the principles in this standard may be used in the analysis.

3.108

non – isolated inverter

an inverter without at least simple separation between the mains and PV circuits.

NOTE See the notes under 3.106 above.

IEC 62109 – 2： 2011 *Safety of power converters for use in photovoltaic power systems – Part 2： Particular requirements for inverters* 中对隔离式逆变器和非隔离式逆变器做了详细定义,并且通过补充说明,详细约定了隔离是指电源与 PV 电路之间。本标准参考 IEC 62109 – 2： 2011 隔离式逆变器和非隔离式逆变器定义中的注释,并进一步深化了描述的准确性,将隔离定义明确在"交流输出电路和直流输入电路之间"。

IEC 62548： 2016 *Photovoltaic（PV）arrays – Design requirement* 中相关具体条文如下:

3.1.21

separated PCE

PCE with at least simple separation between the AC output circuits and PV circuits.

Note 1 To entry: The separation may be either integral to the PCE or provided externally by a transformer with at least simple separation.

5 环境条件

5.1 污染等级

5.1.1 污染等级分类

逆变器外部环境的污染等级可分为：

——污染等级 1：无污染或仅有干燥的非导电性污染；

——污染等级 2：一般情况下仅有非导电性污染，但应考虑到偶然由于凝露造成的短暂导电性污染；

——污染等级 3：有导电性污染，或由于凝露使干燥的非导电性污染变为导电性污染；

——污染等级 4：持久的导电性污染，如由于导电尘埃或雨雪造成的污染。

5.1.2 污染等级耐受能力

逆变器应能耐受污染等级应满足如下要求：

a) 户外型逆变器和户内Ⅱ型逆变器应满足在污染等级 3 的条件下正常使用的要求。

b) 户内Ⅰ型逆变器应满足在污染等级 2 的条件下正常使用的要求。

5.1.3 污染等级变更

逆变器内部特定区域采用相关防护措施时，逆变器内部特定区域的污染等级变更见表1。

表 1　降低污染等级的防护措施

附加防护	从外部环境污染等级 2 到：	从外部环境污染等级 3 到：	变更污染等级的区域
外壳符合 IP5X 等级要求的防护	污染等级 1	污染等级 2	壳内所有区域，或者符合 IP5X 的部分
外壳符合 IPX7 或 IPX8 等级要求的防护	污染等级 2	污染等级 2	壳内所有区域，或者符合 IPX7 或 IPX8 的部分
涂覆或罐封	污染等级 1	污染等级 1	涂覆或罐封的区域
采用密封外壳，且密封已将内部污染物清除干净	污染等级 1	污染等级 1	密封壳内所有区域

【5.1 解读】关于污染等级的相关定义，本标准主要参考了 IEC/EN 62109－1：2010 *Safety of power converters for use in photovoltaic power systems* 和 GB 16935.1《低压系统内设备的绝缘配合　第 1 部分：原理、要求和试验》。IEC/EN 62109－1：2010 针对设备内部或周围微环境中预期污染的程度将污染分成 3 级：

（1）污染等级 1：没有污染或仅发生干燥的非导电污染，污染没有影响。污染等级 1 简称 PD1。

（2）污染等级 2：通常只发生非导电污染。但是，偶尔必须预期到由凝结引起的暂时电导率变化。污染等级 2 简称 PD2。

（3）污染等级 3：发生导电性污染，或发生干燥的非导电性污染，由于预期的冷凝而变为导电性。污染等级 3 简称 PD3。

在 IEC/EN 62109－1：2010 7.3.7 中确定爬电距离和电气间隙时，应使用制造商规定的污染等级。规定的污染等级应符合上述要求，并符合 IEC/EN 62109－1：2010 中 3.60～3.63 中的定义。在设备的某些区域中，设备本身可能会产生污染或湿气（如冷却系统引起的冷凝或电动机电刷产生的导电性污染）的污染程度会增加。如表 5－1 所述，可以通过使用封装、保形涂层等方法在设备的某些区域内降低污染程度，也可以通过使用外壳来降低整个设备内的污染程度，提供表 5－1 中所示的保护。

表 5-1　Reduction of the pollution degree of internal environment through the use of additional protection

Additional protection	From pollution degree 2 of external environment to:	From pollution degree 3 of external environment to:	Area to which the reduced pollution degree applies
Enclosure IP5X dust test of IEC 60529 and no internally generated contamination	1	2	entire inside of the enclosure or that portion which meets IP5X
Enclosure IPX7 or IPX8 of IEC 60529	2	2	entire inside of the enclosure or that portion which meets IPX7 or IPX8
Type 1（see 7.3.7, 8.4.2）conformal coating or potting（see 7.3, 7.8.6）	1	1	area under the coating or potting
Type 2（see 7.3.7, 8.4.2）conformal coating or potting（see 7.3.7, 8.6）	treated as solid insulation	treated as solid insulation	area under the coating or potting
Hermetically sealed enclosure with measures taken to exclude pollution before sealing，and no internally generated contamination	1	1	sealed portion of the enclosure

注　本表摘自 IEC/EN 62109-1：2010。

　　GB 16935.1《低压系统内设备的绝缘配合　第 1 部分：原理、要求和试验》（等同采用 IEC 60664-1：2007）针对低压系统内设备将微环境的污染等级划分为 4 级：

4.6　污染

4.6.1　概述

微观环境决定污染对绝缘的影响，然而在考虑微观环境时必须注意到宏观环境。

有效的使用外壳、封闭式或气密封闭式等措施可减少对绝缘的污染。这些减少污染的措施对设备受凝露或正常运行中其本身产生的污染可能无效。

固体微粒、尘埃和水能完全桥接小的电气间隙，因凡微观环境可存在污染之处都要规定最小的电气间隙。

注1： 在潮湿的情况下污染将会变为导电性污染。由污染的水、油烟、金属尘埃、碳尘埃引起的污染是常见的导电性污染。

注2： 电离气体或金属沉积物引起的导电性污染仅在特定的情况下发生，例如开关设备和控制设备的灭弧室，这种情况不包括在本部分中。

4.6.2 微观环境的污染等级

为了计算爬电距离和电气间隙，微观环境的污染等级规定有以下4级：

——污染等级1

无污染或仅有干燥的、非导电性的污染，该污染没有任何影响；

——污染等级2

一般仅有非导电性污染，然而必须预期到凝露会偶然发生短暂的导电性污染；

——污染等级3

有导电性污染或由于预期的凝露使干燥的非导电性污染变为导电性污染；

——污染等级4

造成持久的导电性污染，例如由于导电尘埃或雨或其他潮湿条件所引起的污染。

4.6.3 导电性污染条件

当持久导电性污染存在时（污染等级4），无法规定爬电距离的尺寸。对于暂时导电污染（污染等级3），绝缘表面应通过筋或槽的形式，避免导电污染的连续通路（见5.2.2.5和5.2.5）。

综合 IEC/EN 62109-1：2010 和 GB 16935.1，本标准总结出最终的标准污染等级分类，并明确了污染等级 4 的定义，明确了逆变器相关防护措施对逆变器内部特定区域的污染等级的影响和变更原则。

5.2　防护等级

逆变器防护等级应不低于如下要求：

——户内 I 型逆变器：IP20；

——户内 II 型逆变器：IP20；

——户外型逆变器：IP54。

【解读】防护等级的定义详见 GB/T 4208—2017/IEC 60529：2013 中定义：

4.1　IP 代码配置

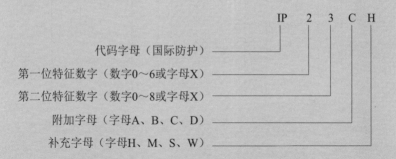

不要求规定特征数字时，由字母"X"代替（如果两个字母都省略，则用"XX"表示）。

附加字母和（或）补充字母可以省略，不需代替。

当使用一个以上的补充字母时，应按字母顺序排列。

当外壳采用不同安装方式提供不同的防护等级时，制造商应在安装说明书中表明该防护等级。

4.2　IP 代码的各要素含义

IP 代码各要素的简要说明如下，详细说明见图中最后一栏所标明的章条。

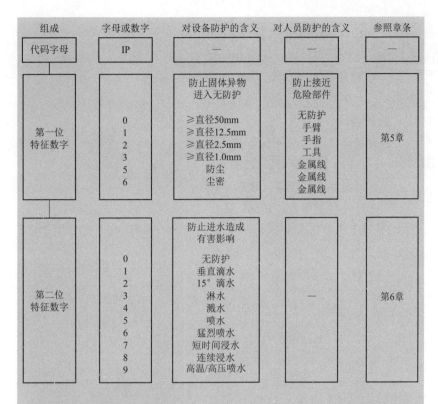

IEC/EN 62109-1 关于户内和户外使用环境下对 IP 防护的要求见表 5-2。

表 5-2　IEC/EN 62109-1 关于户内和户外使用环境下对 IP 防护的要求

类型	最低环境条件 （根据制造商规格，最低要求）		
	室外型	室内，不受调节	室内，受调节
入口保护	最小 IP34	最小 IP20	最小 IP20

综合考虑 IEC/EN 62109-1 关于户内和户外使用环境下对 IP 防护的要求，以及在我国逆变器的实际应用场景，本标准给出了户内 I 型逆变器、户内 II 型逆变器和户外型逆变器的最低防护等级要求。

5.3 温度

逆变器在以下环境温度范围内应能正常运行：

——户内Ⅰ型逆变器：0℃～40℃；

——户内Ⅱ型逆变器：-20℃～50℃；

——户外型逆变器：-20℃～50℃。

【解读】本标准参照了 IEC 62109-1：2010 *Safety of power converters for use in photovoltaic power systems–Part 1：General requirements* 中规定的逆变器温度运行范围，并考虑到我国各地光伏电站的实际应用场景，更新了运行温度范围。

本标准还参考了 GB 2423《电工电子产品环境试验》和 IEC 60068 *Environmental testing* 系列标准定义的电子产品的环境试验方法，同时也定义了不同温度严酷等级，如 GB 2423.1 是低温测试标准，关于低温的等级从-65℃到+5℃，共 10 个等级。结合我国各地的地理和气候条件，确定了本标准中户内和户外逆变器的工作环境温度。

5.4 湿度

逆变器在以下环境湿度范围内应能正常运行：

——户内Ⅰ型逆变器：≤85%，无凝露；

——户内Ⅱ型逆变器：≤95%，无凝露；

——户外型逆变器：≤100%，有凝露。

【解读】根据逆变器现有技术发展水平，在低湿度环境下（＜4%）逆变器可以正常运行且不影响其工作性能，因此本标准没有对逆变器在低湿度环境下提出具体要求。

5.5 紫外线照射

户外型外壳上的塑料材料和聚合物材料在正常使用情况下，不应出现明显的退化迹象，包括裂纹或破裂，其防护性能不应降低。

【解读】关于 UV（紫外）测试，参考了相关标准 ISO 4892 *Plastics — Methods of exposure to laboratory light sources*、GB/T 16422.3《塑料 实验室光源暴露试验方法 第 3 部分：荧光紫外灯》、IEC 60950-22 *Information technology equipment – Safety – Part 22：Equipment to be installed outdoors*、UL 746C *Polymeric Materials – Use in Electrical*

Equipment Evaluations 等。IEC 60950 – 22 中 8.2 节关于抗紫外线辐射的要求如下：

Non – metallic parts of an OUTDOOR ENCLOSURE required for compliance with this standard shall be sufficiently resistant to degradation by ultra – violet（UV）radiation.

户外机壳的非金属部件必须符合本标准的要求，并具有抵抗紫外线辐射的能力。

Samples taken from the parts，or consisting of identical material，are prepared according to the standard for the test to be carried out.They are then conditioned according to Annex C.After conditioning，the samples shall show no signs of significant deterioration such as crazing or cracking.They are then kept at room ambient conditions for not less than 16h and not more than 96h，after which they are tested according to the standard for the relevant test.

对现有零部件或零部件相同的材料制成的样品，根据标准的要求进行测试。经过预处理的样品不能有严重恶化的迹象，如出现裂纹或开裂等现象。经过预处理的样品在室温的环境下放置大于 16h 且小于 96h 的时间，放置以后根据标准进行相关的测试。

IEC 60950 – 22 说明了 UV 辐射之后，要进行物理特性测试及燃烧测试，而且物理特性测试后必须达到表 5-3 中要求。

表 5-3   UV 辐射后物理特性测试要求

测试部件	属性	测试方法标准	试验后最小保持率
提供机械支撑的部件	拉伸强度 a 或 弯曲强度 a,b	ISO 527	70%
		ISO 178	70%
抗冲击部件	摆锤冲击 c 或 悬臂梁冲击 c 或 拉伸冲击 c	ISO 179	70%
		ISO 180	70%
		ISO 8256	70%
所有部件	阻燃等级	IEC 60950-1 中 1.2.12 和附录 A	详见脚注 d

a   抗拉强度和抗弯强度试验应在不大于实际厚度的试样上进行。

b   当使用三点加载法时，暴露在紫外线辐射下的样品侧面应与两个加载点接触。

c   在 3.0mm 厚样品上进行的悬臂梁冲击和拉伸冲击试验想，以及在 4.0mm 厚样品上进行的摆锤冲击试验可以代表其他低至 0.8mm 的厚度。

d   IEC 60950-1 第 4 章中规定的阻燃等级，可能会改变。

在 UL 746C 中关于抗紫外线辐射的要求详细定义了设备的要求和测试方法：样品可以放在下面两种仪器设备中做紫外线辐射试验：

a） 根据 ASTM G23，Type D，Method1 标准中的要求，样品连续受紫外光照射并且断断续续喷水，20min 为一个周期，其中 17min 单独施加紫外光辐射，后 3min 在紫外光辐射的情况下喷水，黑板温度为 63℃±3℃。

b） 根据 ASTM G26，Type B，Method1 标准中的要求，样品连续受紫外光照射并且断断续续喷水，120min 为一个周期，其中 102min 单独施加紫外光辐射，后 18min 在紫外光辐射的情况下喷水。该测试设备使用的是一盏功率为 6500W、带冷却水的氙弧灯，硼硅玻璃内胆，外部是滤光器。在 340nm 波长下，其光辐射强度为 0.35W/m²，黑板的温度为 63℃±3℃。

注：室内机壳要施加紫外辐射源（如高亮度电灯），但可不必喷水。

综上所述，紫外线照射的测试流程复杂，一般需要专业实验室进行测试，逆变器型式试验时可以提供机壳的第三方实验报告。本标准的对象是逆变器，因此只需要明确逆变器对塑料材料和聚合物材料的要求。

6 安全

6.1 电击防护要求

6.1.1 基本要求

逆变器中各电路最低防护水平应根据逆变器中各电路的决定性电压等级确定，电击防护要求包含直接接触防护和间接接触防护，电击防护总体要求见图1。

【解读】本标准用图清晰地表述了电击防护的三种方法，并且总结了防止直接接触、直接接触防护和间接接触防护可能的解决方案。流程图参照 IEC 62109-1：2010 *Safety of power converters for use in photovoltaic power systems–Part 1: General requirements* 并对流程图中的相关内容进行适当简化，图中对电击防护进行了细致划分。

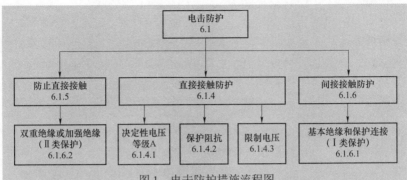

图 1　电击防护措施流程图

电击防护是为了防止人接触带电部件，保护人身安全的一种安全设计。一般按照直接接触防护、间接接触防护的顺序进行。也就是说，设计上首先要考虑采取直接接触防护。电击防护的设计往往是多重的，至少在机械上和电气上都要考虑电击防护措施，在人易于触到的带电部件的周围，如果允许采取一种以上的措施，也应采取不少于两种防护措施。

1. 直接接触防护

对于直接接触的防护，应按人可能触及带电部件的设计。这些设计包括：

（1）用绝缘材料（应采用能够承受使用中可能遇到的机械、电和热应力的材料）将带电部件完全包住，并且绝缘材料只有在被破坏后才能去掉。而一般的漆层、搪瓷或类似物品的绝缘强度不够，不能作为正常使用时的触电防护材料。

（2）利用挡板或外壳进行防护，这是在设计中需要考虑的措施之一。应遵守的要求有：

1）　所有外壳的直接接触防护等级至少应为 IP2X 或 IPXXB。除非外壳是绝缘材料制成的，金属外壳与被保护的带电部件之间的距离不得小于所规定的电气间隙和爬电距离。

2）　为了保证规定的电气间隙，所有挡板和外壳均应安全地固定在其位置上。在考虑它们的特性、尺寸和排列的同时，应使它们有足够的稳固性和耐久性，以承受正常使用时可能出现的变形和应力。

3) 在有必要移动挡板、打开外壳或拆卸外壳的部件（门、护套、覆板和同类物）时，应满足下述条件之一：

    a) 移动、打开或拆卸必须使用钥匙或工具，即不能用手就可以直接打开。另一方面，要考虑因钥匙或工具应用对象出现机械故障时对部件的影响，如使用螺栓紧固，可能会对部件的移动或解除更为可靠。

    b) 在打开门之前，应使所有带电部件断电，因为打开门后有可能意外地触及这些带电部件。

    c) 应给成套设备装设一个隔板或活动挡板用来遮挡所有带电部件，这样在门被打开以后，不会意外触及带电部件。此隔板应符合1) 和2) 的要求，且应被固定在其位置上，或者在门打开的同时滑入其位置上。除非使用钥匙或工具，否则隔板或活动隔板不能取下。一般需要在隔板上加警告标识。

    d) 需对挡板或外壳防护的内部带电部件做临时处理（如维修更换熔丝或部件）时，如果满足下列条件，也可不用钥匙或工具，并在开关不断开时可以移动、打开或拆卸隔板或外壳；

    ——在隔板或外壳内设置一屏障，以防止人员意外碰到不带其他防护措施的带电部件。

2. 间接接触防护

对于间接接触的防护，防护措施包括：

（1）利用保护电路进行防护。保护电路可由单独的保护导体或导电结构部件组成，或由两者共同组成。它的作用是：

——防止设备内部故障引起的后果；

——防止向设备供电的外部电路的故障引起的后果。

在下述条款中给出了保护电路的要求：

1) 在结构上采取措施，保证裸露导电部件之间，以及这些部件和保护电路之间的电连续性。并采用通过型式试验的方式验证。

2) 如裸露导电部件在下述情况下不会构成危险，则不需与保护电路连接：

——不可能大面积接触或用手抓住。

——或者由于裸露导电部件很小（尺寸大约为 50mm×50mm），或者被固定在其位置上时，不可能与带电部件接触。

这适用于螺钉、铆钉和铭牌。也适用于接触器或继电器的衔铁，变压器的铁芯（除非它们带有连接保护电路的端子），脱扣器的某些部件等，不论其尺寸大小。

3) 手动操作装置（手柄、转轮等）应：

——安全可靠地同已连接到保护电路上的部件进行电气连接。

——或带有辅助绝缘物，以将手动操作装置同成套设备的其他导电部件互相绝缘。此绝缘物应至少与手动操作装置所属器件的最大绝缘电压等级一样。

4) 应通过直接的相互有效连接，或通过由保护导体完成的相互有效连接以确保保护电路的连续性。

5) 通过保护接地进行保护，用于连接外部保护导体的端子和电缆套的端子应是裸露铜导体。并应保证接地的连续性。

（2）采用保护电路以外的防护措施。保护电路以外的防护措施一般是指电路的电气隔离或/和完全绝缘，一般包含基本绝缘、双重绝缘和加强绝缘。

6.1.2 决定性电压等级及其防护要求

决定性电压等级限值见表 2，电路的防护要求见表 3。电击防护措施应根据决定性电压等级和电路的防护措施确定，并满足下列要求：

a) 当逆变器中各电路符合决定性电压等级限值要求，不能满足电路的防护措施要求时，电路的决定性电压等级应提高一个等级；

表2 决定性电压等级限值

决定性电压等级	工作电压限值 V		
	交流电压（有效值）U_{ACL}	交流电压（峰值）U_{ACPL}	直流电压（平均值）U_{DCL}
A	≤25（≤16）	≤35.4（≤22.6）	≤60（≤35）
B	25～50（16～33）	35.4～71（22.6～46.7）	60～120（35～70）
C	>50（>33）	>71（>46.7）	>120（>70）

注1：括号中的数值适用于安装在潮湿环境的逆变器或逆变器零部件。

注2：决定性电压等级 A 的电路故障条件下在 0.2s 时间内限值允许提高到决定性电压等级 B 的限值。

表3 电路防护要求

决定性电压等级	直接接触电击防护要求	与接地零部件之间的绝缘	与相邻的未接地可接触带电零部件之间的绝缘	与相邻决定性电压等级电路之间的绝缘		
				A	B	C
A	无	f	f	f	p[b]	p[b]
B	有	b	p	—	b[a]	b[a]
C	有	b	p	—	—	b[a]

注1：f 表示功能绝缘，与相邻电路之间的绝缘按照电压最高的电路来确定。

注2：b 表示基本绝缘，与相邻电路之间的绝缘按照电压最高的电路来确定。

注3：p 表示保护隔离，与相邻电路之间的绝缘按照电压最高的电路来确定。

[a] 当两个相邻电路与可触及的导电部件或决定性电压等级 A 电路之间均已按照该两个电路的最高电压进行绝缘或隔离时，则允许在这两个相邻电路之间采用功能绝缘。

[b] 当决定性电压等级 A 电路由基本绝缘或附加绝缘或挡板或外壳来防止直接接触时，则允许该决定性电压等级 A 电路与决定性电压等级 B 或决定性电压等级 C 电路之间采用基本绝缘，该决定性电压等级 A 电路的防止直接接触的措施应根据决定性电压等级 B 或决定性电压等级 C 的电压来确定。

    b) 直接相连或仅由功能绝缘隔开的两个电路应视为一个电路；

    c) 电击防护措施应满足单一故障造成可接触电路或可接触导电部件不应出现高于决定性电压等级 A 限值的电压；

d) 可接触接地导体应与决定性电压等级 B 和决定性电压等级 C 的电路间至少存在基本绝缘；

e) 可接触未接地导体应与决定性电压等级 B 和决定性电压等级 C 的电路间存在双重绝缘、加强绝缘或保护隔离。

【解读】不同的决定性电压所对应的电击防护措施不同，但国内已发布的光伏逆变器标准中缺乏对决定性电压等级电压范围的限定。本标准参照 IEC 62109-1: 2010 *Safety of power converters for use in photovoltaic power systems–Part 1: General requirements*，对决定性电压等级的适用范围做了明确的限定，并详细地说明了各种不同应用工况下的电路防护措施，更贴合产品的实际应用。

决定性电压等级是根据电路的工作电压等级进行划分的，不同的决定性电压等级的电路采取的防护措施不同，从 A 到 C 决定性电压等级逐步提高，防护要求也越来越高。

6.1.3 连接到 PELV 系统和 SELV 系统的电路

当逆变器的信号、通信或控制端口连接到外部 PELV 或 SELV 装置或电路时，不同系统的兼容性应符合以下要求：

a) 外部电路的 PELV 或 SELV 电路等级不能改变；

b) 逆变器外部端口的决定性电压等级不能改变。

【解读】逆变器与外面通信等相关设备存在有线互联，但国内已发布的光伏逆变器标准中缺乏对两者兼容性的相关要求。本标准参照 IEC 62109-1: 2010 *Safety of power converters for use in photovoltaic power systems–Part 1: General requirements* 的相关规定，要求逆变器与其他安全设备连接时，逆变器本体和互联设备均不产生有害于人的触电伤害的危险。

保护特低电压（PELV）是指在正常运行或单一故障条件（不包括其他电路中的接地故障）下，交流电压有效值不超过 50V 或直流电压不超过 120V 的电气系统，只作为保护接地系统的安全特低电压用防护。

安全特低电压（SELV）是指在正常运行或单一故障条件（包括其他电路中的接地故障）下，且交流电压有效值不超过 50V 或直流电压不超过 120V 的电气系统，只作为不接地系统的安全特低电压用防护。

安全电压又称安全特低电压，是属于兼有直接接触电击和间接接触电击防护的安全措施。其保护原理是：通过对系统中可能作用于人体的电压进行限制，从而使触电时流过人体的电流受到抑制，将触电危险性控制在没有危险的范围内。

1. 特低电压区段

所谓特低电压区段，是指如下范围：

（1）交流（工频）：无论是相对地或相对相之间均不大于 50V（有效值）；

（2）直流（无纹波）：无论是极对地或极对极之间均不大于 120V。

2. 特低电压限值

限值是指任何运行条件下，任何两导体间不可能出现的最高电压值。特低电压限值可作为从电压值的角度评价电击防护安全水平的基础性数据。我国国家标准 GB/T 3805—2008《特低电压(ELV)限值》规定，工频有效值的限值为 50V，直流电压的限值为 120V。

我国标准还推荐：当接触面积大于 $1cm^2$、接触时间超过 1s 时，干燥环境中工频电压有效值的限值为 33V，直流电压的限值为 70V；潮湿环境中工频电压有效值的限值为 16V，直流电压的限值为 35V。

3. 安全电压额定值

我国国家标准 GB/T 3805—2008《特低电压(ELV)限值》规定了安全电压的系列，安全电压额定值（工频有效值）在具体选用时，应根据使用环境、人员和使用方式等因素确定。特别危险环境中使用的手持电动工具应采用 42V 安全电压；有电击危险环境中使用的手持照明灯和局部照明灯应采用 36V 或 24V 安全电压；金属容器内、特别潮湿处等特别危险环境中使用的手持照明灯应采用 12V 安全电压；水下作业等场所应采用 6V 安全电压。当电气设备采用 24V 以上安全电压时，必须采取防护直接接触电击的措施。

4. 安全条件

要达到兼有直接接触电击防护和间接接触电击防护的保护要

求，必须满足以下条件：

（1）线路或设备的标准电压不超过标准所规定的特低电压值。

（2）PELV 和 SELV 必须满足安全电源、回路配置和各自的特殊要求。

1）特低电压必须由安全电源供电，可作为安全电源的主要有：

——安全隔离变压器，其绕组的绝缘至少相当于双重绝缘或加强绝缘，一次绕组与二次绕组之间必须有良好的绝缘，其间还可用接地的屏蔽隔离开来。安全隔离变压器各部分的绝缘电阻一般不低于表 6-1 中数值。

表 6-1　安全隔离变压器各部分绝缘电阻要求

部位	绝缘电阻（MΩ）
带电部分与壳体之间的工作绝缘	2
带电部分与壳体之间的加强绝缘	7
输入回路与输出回路之间	5
输入回路与输入回路之间	2
输出回路与输出回路之间	2
Ⅱ类变压器的带电部分与金属物件之间	2
Ⅱ类变压器的带电部分与壳体之间	5
绝缘壳体上内、外金属物件之间	2

安全隔离变压器的输入和输出导线应有各自的通道，导线进出变压器处还应有护套，固定式变压器的输入电路不得采用接插件。另外，安全隔离变压器各部分的最高温升不得超过允许限值。

——电化学电源或与特低电压回路无关的独立供电电源。

——即使在故障情况下仍能保证输出端子上的电压值不超过特低电压值的电子装置电源。

2）PELV 和 SELV 的回路配置应满足以下要求：

——PELV 和 SELV 回路的带电部分相互之间、回路与其他回路之间应实行电气隔离，其隔离水平不应低于安全隔离变压器输入与输出回路之间的电气隔离。尤其是有些电气设备，如继电器、接触器、辅助开关的带电部分，与电压较高线路的任何部分的电气隔离不应小于安全隔离变压器的输入和输出绕组的电气隔离要求，但此要求不排除 PELV 回路与地的连接。

——PELV 和 SELV 回路的导线应与其他任何回路的导线分开敷设，以保持适当的物理上的隔离。当此要求不能满足时，必须采取诸如将回路的导线置于非金属外护物中，或将电压不同的回路的导线以接地的金属屏蔽层，或接地的金属护套分隔开等措施。回路电压不同的导线置于同一根多芯电缆或导线组中时，其中 PELV 和 SELV 回路的导线的绝缘必须单独或成组地按能够耐受所有回路中的最高电压考虑。

3）PELV 和 SELV 的特殊要求：

——PELV 的特殊要求：实际上，可以将 PELV 类型看做是由 SELV 类型进行接地演变而来，PELV 允许回路接地。由于 PELV 回路的接地，有可能从大地引入故障电压，使回路的电位升高，因此，PELV 的防护水平要求比 SELV 要高：利用必要的遮栏或外护物，或者提高绝缘等级来实现直接接触电击防护。如果设备在等电位联结有效区域内，以下情况可不进行上述直接接触电击防护：① 当标称电压不超过 25V 交流有效值或 60V 无纹波直流值，而且设备仅在干燥情况下使用，且带电部分不大可能同人体大面积接触时；② 在其他任何情况下，标称电压不超过 6V 交流有效值或 15V 无纹波直流值。

——SELV 的特殊要求：① SELV 回路的带电部分严禁与大地或其他回路的带电部分或保护导体相连接。② 外露可导电部分不应有意地连接到大地或其他回路的保护导体和外露可导电部分，也不能连接到外部可导电部分。若设备功能要求与外部可导电部分连接，则应采取措施，使这部分所能出现的电压不超过安全特低电压。如果 SELV 回路的外露可导电部分容易偶然或被有意识地与其他回路的外露可导电部分相接触，则电击保护就不能再仅仅依赖于 SELV 的保护措施，还应依靠其他回路的外露可导电部分的保护方法，如发生接地故障，应自动切断电源。③ 若标称电压超过 25V 交流有效值或 60V 无纹波直流值，应装设必要的遮栏或外护物，或者提高绝缘等级；若标称电压不超过上述数值，除某些特殊应用的环境条件外，一般无须直接接触电击防护。

6.1.4 直接接触保护

6.1.4.1 通过决定性电压等级 A 保护

与决定性电压等级 B 或决定性电压等级 C 电路之间满足图 2 保护隔离要求的决定性电压等级 A 电路可不采取防止直接接触的防护措施。

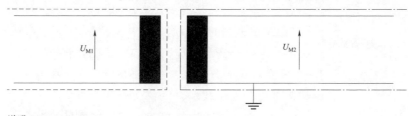

说明：

虚线——防止直接接触；

点画线——与防止直接接触电路之间的保护隔离；

U_{M1}——任意电压，接地或不接地；

U_{M2}——决定性电压等级 A，接地或不接地。

图 2　通过有保护隔离的决定性电压等级 A 进行保护

6.1.4.2 通过保护阻抗保护

与决定性电压等级 B 或决定性电压等级 C 的电路通过保护阻抗连接，且与决定性电压等级 B 或决定性电压等级 C 电路保护隔离满足要求电路和导电部件无需直接接触的防护。保护阻抗应同时满足限制电流和限制放电能量的要求：

a）保护阻抗限制电流

在任何工况下可触及零部件的接触电流，不应超过交流 3.5mA 或直流 10mA，保护阻抗的连接方式见图 3。保护阻抗应能承受它所连接的电路的脉冲电压、瞬态电压以及工作电压。

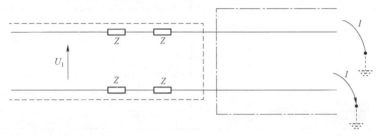

说明：

U_1——危险电压，接地或不接地；

虚线——防止直接接触；

点画线——与防止直接接触的电路之间有保护阻抗和保护隔离。

注：可触及零部件的接触电流限制在 $I \leqslant 3.5\text{mA a.c.}$或 10mA d.c.，包含流向地和流向可同时接触零部件的电流。

图 3　限制电流保护电路

b）保护阻抗限制放电能量

在任何工况下可同时接触零部件之间出现的放电能量符合表 4 的要求，保护阻抗的连接方式见图 4。

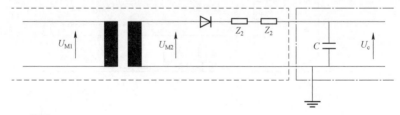

说明：

虚线——防止直接接触；

点画线——与防止直接接触的电路之间的保护隔离。

注：对于接地电路，充电限制适用于从可触及零部件到地以及可同时接触零部件之间。

图 4　限制放电能量保护电路

表4 可接触电容和充电电压限值

电压 V	电容 μF	电压 kV	电容 nF
70	42.4	1	8.0
78	10.0	2	4.0
80	3.8	5	1.6
90	1.2	10	0.8
100	0.58	20	0.4
150	0.17	40	0.2
200	0.091	60	0.133
250	0.061	—	—
300	0.041	—	—
400	0.028	—	—
500	0.018	—	—
700	0.012	—	—

6.1.4.3 限制电压保护

通过限制电压保护将电压降低到决定性电压等级 A 以下,且该电路与决定性电压等级 B 和决定性电压等级 C 之间的保护隔离满足要求,该电路可不采取直接接触防护措施,限制电压保护电路见图5。限制电压保护应满足下列要求:

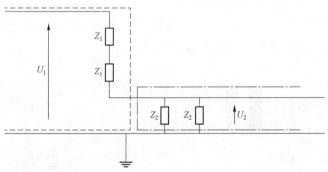

说明:

虚线——防止直接接触;

点画线——与防止直接接触的电路之间的保护隔离;

U_1——危险电压,接地;

U_2——决定性电压等级 A。

图 5 限制电压保护电路

——在正常工作和单一故障的情况下应保证该分压电路两端的电压 U_2 不超过决定性电压等级 A；

——此种保护方式不应在Ⅱ类保护或不接地的电路上使用。

【解读】直接接触防护是指逆变器内相关金属导体或元器件由于功能要求或设计要求，位于人体可以触及的位置。本标准参照 IEC 62109-1：2010 *Safety of power converters for use in photovoltaic power systems–Part 1： General requirements* 的相关规定，提出三类防护措施实现相关设备可以直接接触的需求，增强了标准的实用性。

保护阻抗是指连接在带电部件和Ⅱ类结构的易触及导电部件之间的阻抗，在正常使用中及器具出现可能故障状态时，将电流限制在一个安全值。保护阻抗可能是一个（或一组）电阻元件或电感元件或其他类似电路单元，它在电路中出于功能的需要而连接在带电部件和Ⅱ类结构的易触及导电部件之间。也就是说，保护阻抗跨接了双重绝缘或加强绝缘，这要求构成保护阻抗所采用的器件要有非常稳定的阻抗，才能保证在正常使用中或部件出现故障时，确保Ⅱ类结构的易触及导电性部件不成为带电部件。一般作为保护阻抗的器件可以是符合 GB 8898《音频、视频及类似电子设备　安全要求》电涌测试的电阻或 GB/T 6346.14《电子设备用固定电容器　第 14 部分：分规范 抑制电源电磁干扰用固定电容器》中的 Y 类电容，一般保护电路要由两个以上上述元件构成，当其中一个元件短路后，漏电流的峰值仍要满足不应超过交流 3.5mA 或直流 10mA 的要求，这就保证了设备在正常或故障条件下，通过保护阻抗流经人体的电流始终被限制在安全水平以内。

6.1.5　防止直接接触

不满足直接接触防护要求的不接地可接触电路/零部件的绝缘应满足表5的要求。防止直接接触应满足下列要求：

a)　安装在封闭电气操作区域的产品可根据需要采取直接接触防护措施；

b)　维修人员接触区的危险带电电路应采取防无意触碰的措施；

c) 提供保护的外壳和安全栅，其零部件应使用工具才可拆卸。

表5 不接地可接触电路/零部件绝缘要求

目标电路	相邻电路	电路和相邻电路之间的绝缘	电路和非接地可接触零部件之间的绝缘
决定性电压等级 A	决定性电压等级 B 或决定性电压等级 C	基本绝缘	附加绝缘
		加强绝缘	功能绝缘
决定性电压等级 B	决定性电压等级 B 或决定性电压等级 C	基本绝缘	附加绝缘
		加强绝缘	加强绝缘
注：基于电路中决定性电压等级较高电路的电压选择绝缘类型。			

【解读】本标准的相关技术要求以表格形式表现（国内已发布的光伏逆变器标准条文中含测试要求），增加了标准的易读性。

直接接触电击是指人体因种种原因直接触及带电部分而引起的电击。对直接接触电击，必须做好防护。直接接触电击防护的方式共分以下几种：① 通过覆盖绝缘材料对带电体进行封闭和隔离；② 用遮栏或外物护防直接接触电击；③ 用阻挡物防止直接接触电击；④ 将带电部分置于伸臂范围以外。下面介绍每种防护方式的注意事项。

采用覆盖绝缘材料对带电体进行封闭和隔离防直接接触电击时，带电部分应全被绝缘物质覆盖，以防人体与带电部分接触。只有在绝缘遭到破坏或年久寿命终了时，这一防护措施才失效。工厂生产的电气设备，其绝缘材料应符合产品标准对绝缘水平的要求。它应能在正常使用寿命期间耐受所在场所的机械、化学、电和热的影响。油漆、绝缘漆等物质不能用作防直接接触的绝缘。在施工现场安装中采用的防直接接触的绝缘材料，例如对高度不够的裸母排包裹的绝缘带，也应像工厂产品的绝缘材料那样，通过检验来验证其是否具有相同的绝缘性能。

采用遮栏或外防护物防直接接触电击时注意事项：所谓遮栏，是指从一个通常接近的方向来阻隔人体与带电部分接触的措施，例如在打开集中式逆变器柜体时，里面的带电零部件会不经意被人触碰到。为此，在逆变器内部，人打开柜门面对的方向需要装设一个防电击隔板，以防止人不经意触碰到内部的带电零部件。外护物是指能从所有方向阻隔人体接触的措施，例如一台电气设备本身的外壳，在现场敷设导线时配置的槽盒、套管等都是外护物。应注意外护物不仅是电气设备的外壳。这种措施应能防止大于12.5mm的固体物或人的手指进入，即其防护等级应至少为IP2X。带电部分的上方如需防护，其防护等级应至少为IP4X，即需防大于1mm的固体物进入。遮栏和外护物应牢固地加以固定，只有在使用工具、钥匙或断开带电部分电源的条件下才能挪动。

用阻挡物防直接接触电击这一措施只能防止人体无意地与带电部分接触，例如用栏杆、绳索、网屏、栅栏等阻拦人体接近带电部分。它对洞孔的尺寸没有要求，只是对接近带电部分的人起阻拦提醒的作用，不能防范人体有意的接触。阻挡物不需要使用工具或钥匙就可挪动，但需注意其固定的可靠性，以防被不知晓电气危险的人无意识地挪动位置。

将带电部分置于伸臂范围之外，也可防直接接触电击，这一措施也是只能用以防范人体与带电部分的无意间接触。它使人体可同时触及的不同电位（如任意电位与地电位）部分之间的距离大于人体伸臂的距离。这一距离在IEC标准中规定为2.5m。2.5m为人体左右两臂平伸的最大水平距离，或向上伸臂后与人体所站地面S间的最大垂直距离；1.25m为人体向前伸臂与所站位置间的最大水平距离；0.75m为人体下蹲、伸臂向下弯探的最大水平距离。这些距离都是对没有持握工具、梯子之类长物体的人而言的。如人手中持握有这类物体，则伸臂距离应相应加长，例如用裸母排给设备配电，则裸母排的离地高度应至少为3.5m。如人站立的水平方向有上述防护等级低于IP2X的阻挡物阻挡，则伸臂距离应不自人体而自阻挡物算起。在向上伸臂的方向内，即使有上述阻挡物，伸臂范围仍自站立面算起。

6.1.6 间接接触防护

6.1.6.1 Ⅰ类保护——保护连接和接地

采用Ⅰ类保护的逆变器应具有保护接地和保护连接，可接触导电部件与外部保护接地导体应连接可靠，保护接地和保护连接见图6。

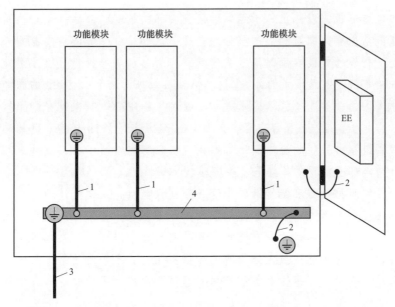

说明:
1——逆变器模块的保护接地导体（尺寸取决于每个组件的要求）；
2——保护连接（可能是保护连接导体、紧固件、铰链或其他可靠方式）；
3——逆变器的外部保护接地导体；
4——接地母排。

图6 保护接地和保护连接示意图

保护连接的方式与规格，外部保护接地导体应满足下列要求：

a) 保护连接方式

——通过专用接地金属部件连接；

——通过使用时不会被拆卸的其他导电部件连接；

——通过专门的保护连接导体连接；

——逆变器的其他金属部件连接。

【解读】保护接地就是将正常情况下不带电而在绝缘材料损坏后或其他情况下可能带电的金属部分用导线与接地体可靠连接起来的一种保护接线方式。目的是防止逆变器的金属外壳带电危急人身和设备安全而进行的接地。

逆变器内部的一些金属部位需要与外壳之间做保护连接，一同

40

接入接地母排。保护连接能减小电气系统发生漏电或接地短路时电气设备金属外壳及其他金属物体与地之间的电压，减小因漏电或短路而导致的触电危险，且有利于消除外界电磁场对保护范围内部电子设备的干扰，改善电子设备的电磁兼容性。保护连接的导体要能耐受由于设备内部故障电流可能引起的最高热效应及最大动应力，具有足够低的阻抗，以避免各部分间显著的电位差，且能耐受可预见的机械应力、热效应和环境效应（含腐蚀效应）。

可移动的导体连接件（铰链和滑片等）不应是两部分之间唯一的保护连接件，当然能满足以上保护连接导体要求的除外。在预计移开设备某一部件时，不应切断其余部件的保护联结，这些部件的电源事先已切断者除外；当耦合器或插头插座能控制保护联结和为设备组件供电的所有导体的开断，保护联结应在供电导体断路（或接通）之后（或之前）切断（或接通）；保护联结导体应宜于识别；等电位连接器可以使用焊接、螺栓连接和熔接三种方法。当使用螺栓连接时要考虑螺栓松动的问题，一般应用铜鼻将连接线焊牢后栓紧。连接材料一般推荐使用铜材，是因其导电性能和强度都比较好，使用多股铜线的弯曲也比较方便。

  b) 保护连接的规格

    在故障期间，保护连接应保持有效并应能承受故障引起的最大故障电流，保护连接应满足以下要求：

    ——过流保护装置小于或等于 16A 的逆变器，保护连接的阻抗值不应大于 0.1Ω；

    ——过流保护装置大于 16A 的逆变器，保护连接部分电压降不应大于 2.5V。

【解读】保护连接通路应具有良好的连续性，电气设备保护电路连续性是指电气设备应设置良好的保护电路，使非载流回路的所有金属部件均应接地，而且要使保护电路是连续的。保护电路连续性是一个重要的测试项目，保护电路是否连续，是通过接地电阻大小来衡量的。在许多电器产品的安全标准中，都有"接地电阻"的指标。接地电阻是个不十分明确的词，应从不同领域，根据实际情况，给它作出不同的定义，在本标准中是指设备内部的接地电阻，而在有些标准中（如接地设计规范中），是指整个接地装置的电阻，因此，涉及接地电阻，首先要弄清楚它是哪一部分的接地电阻。一般电气设备安全标准中所说设备内部的接地电阻，它所反映的是0Ⅰ类和Ⅰ类设备的外露可导电部分与设备的总接地端子之间的电阻，一般标准中规定的这个电阻不得大于0.1Ω。但对于额定电流比较大的设备，根据设备内部装设的过电流保护装置设定值确定，设定值大于16A时，测量的保护连接上的压降不应超过2.5V。本测试的目的是因为在0Ⅰ类和Ⅰ类电器中，一旦绝缘失效时易触及金属部件可能成为带电体，这些金属部件应永久地和可靠地连接到电器中接地接线柱或接线装置中，或者连接到电气设备进线接地极上。这是指电器的保护接地端子与电气设备任何易触及的可导电部分之间的电阻，称为设备内部的接地电阻，是为了鉴别电器保护接地的可靠性。0类电器没有接地装置，Ⅱ类电器不准有接地装置，Ⅲ类电器使用安全特低电压，都不需要测试接地电阻，只有0Ⅰ类和Ⅰ类电器才能有接地装置，需要进行接地电阻的测量，而且是一项必须进行考核的重要项目。

    c）外部保护接地导体

当逆变器采用Ⅰ类保护时，通电后外部保护接地导体应始终保持连接，外部保护接地导体的横截面积应满足表6的要求。当外部保护接地导体不是电源电缆或电缆外层的一部分，在有机械保护情况下横截面积应不小于2.5mm²，在无机械保护情况下横截面积应不小于4mm²。对于带有插头的逆变器，保护接地导体应先接通后断开。

表6　外部保护接地导体的横截面积

逆变器相导体的横截面积 S mm²	外部保护接地导体的最小横截面积 S_p mm²
$S \leqslant 16$	S
$16 < S \leqslant 35$	16
$S > 35$	$S/2$
注：当外部保护接地导体使用与相导体相同的材质时，本表的取值有效。否则，外部保护接地导体横截面积应使其电导率与本表规定等效。	

42

【解读】本标准参照 IEC 62109-1：2010 *Safety of power converters for use in photovoltaic power systems-Part 1: General requirements*，对特殊情况部分进行细致描述，增加了标准的适用范围。

外部保护接地导体是指逆变器与外部接地母线之间的连接线，一般来讲，接地线应为铜质绝缘导线，其截面积应不小于4mm²。对于系统中的屏蔽电缆，应进行环接处理，须避免"猪尾巴"现象。保护导体（PE，PEN）截面积不应小于表 6 中的值。如果表 6 用于PEN 导体，在中性线电流不超过相线电流 30%前提下是允许的。如果表 6 得出非标尺寸，则应采用最接近的较大的标准截面积的保护导体（PE、PEN）。只有在保护导体（PE、PEN）的材料与相导体的材料相同时，表 6 中的值才有效。如果材料不同，保护导体（PE、PEN）的截面积的确要使之达到与表 6 相同的导电效果。对于 PEN 导体，还应满足以下要求：

（1）在逆变器内部，PEN 导体不需要绝缘；

（2）结构部件不应作 PEN 导体，但铜质或铝制安装导轨可用作PEN 导体。

 d） 外部保护接地导体的连接方式

   每个外部保护接地导体应单独连接，且连接措施不能用于其他结构用途。保护接地导体的连接方式应使用附录 A 的第 7 个符号进行标识，保护接地线缆应使用黄绿线。

【解读】接地的主要目的是保证电气设备在正常和事故的情况下能够可靠的工作，当人体接触到外壳已带电的电气设备时，由于接地体的接触电阻远小于人体电阻，绝大部分电流通过导体进入大地，只有很小的一部分流过人体，不至于对人的生命造成危害。故针对外部保护接地导体的连接方式需要进行要求，保证接地系统的正常工作。

 e） 保护接地导体及接触电流

   插头连接的单相逆变器接触电流不应超过交流 3.5mA 或直流 10mA，其他逆变器接触电流超过交流 3.5mA 或直流

10mA 时，应采用下列一个或多个保护措施并标识附录 A 的第 15 个符号：

——采用固定连接且保护接地导体的横截面积至少为 10mm² （铜）或 16mm² （铝）；

——采用固定连接且在保护接地导体中断的情况下自动断开电源；

——提供一个附加的截面积相同的保护接地导体，并在安装说明书中说明；

——采用工业连接器且多导体电缆中的保护接地导体的最小横截面积为 2.5mm² 并具有应力消除措施。

【解读】接触电流是"当人体或动物接触一个或多个装置的或设备的可触及零部件时，流过他们身体的电流"，接触电流可分为对地接触电流、表面对地接触电流以及表面间接接触电流三种。

在本标准中是指对地接触电流，是"由电源网络产生的漏电流穿过或跨过绝缘层并流入保护接地导线（Protective Conductor）的电流。"Ⅰ类设备在保护接地导线断开的单一故障条件下，如果接地的人体接触到与该保护接地导线相连的可触及导体（如外壳），则这个对地接触电流将通过人体流到地（GND）。当这个电流大于一定值时，就有电击的危险。这种情况正如上述的事例，即使接地线出现了故障或最极端的情况下断开，这时外壳的漏电流亦不能对人体造成伤害。对逆变器来说，功率比较大，设备的工作电流高，很难将接触电流限制在 AC 3.5mA 或 DC 10mA 以下，可以采取一些措施来保证人身安全，例如加大保护接地导体的横截面积，多点接地，接地导体断开后自动切断电源等措施。

6.1.6.2 Ⅱ类保护——双重或加强绝缘

按Ⅱ类保护进行设计的设备或设备零部件，带电零部件和可触及表面的绝缘应满足下列要求：

a) Ⅱ类保护的设备不应与外部保护接地导体连接；

b) Ⅱ类保护设备采用金属外壳时，可采用外壳进行等电位连接；

c) Ⅱ类保护设备可进行功能接地；

d) Ⅱ类保护设备应采用附录 A 的第 12 个符号。

【解读】国内已发布光伏逆变器标准中虽提到保护等级Ⅱ的间接接触保护方式，但是未具体说明，本标准参照 IEC 62109-1：2010 *Safety of power converters for use in photovoltaic power systems–Part 1：General requirements* 对Ⅱ类保护——双重或加强绝缘进行了具体说明。

Ⅱ类保护是指通过双重或加强绝缘保护的方式，Ⅱ类保护设备是指不仅依靠基本绝缘进行防触电保护，还包括附加的安全措施（双重绝缘或加强绝缘）进行保护的设备。一般来说，逆变器均是金属外壳，都有接地保护线，属于Ⅰ类设备，但内部某些部位可能会采用加强或双重绝缘进行防电击保护，例如逆变器通信端口、显示触摸屏等部位就是Ⅱ类保护，这些部位均不接地。

6.1.7　电气间隙和爬电距离

6.1.7.1　基本要求

绝缘两端的电压基频高于30kHz时，绝缘还应满足GB/T 16935.1《低压系统内设备的绝缘配合　第 1 部分：原理、要求和试验》的要求，高频工作电压下电气间隙和爬电距离应符合 GB/T 16935.4 中的要求。

【解读】本标准参照 IEC 62109-1:2010 *Safety of power converters for use in photovoltaic power systems–Part 1：General requirements*，对电压基频高于 30kHz 时的绝缘以及电气间隙和爬电距离做了相关说明。

6.1.7.2　绝缘电压

脉冲耐受电压和暂时过电压应满足表 7 的规定。

【解读】过电压是指峰值大于正常运行下最大稳态电压对应峰值的任何电压，本质上是电力系统中的一种电磁干扰现象。暂时过电压主要是工频振荡，持续时间较长，衰减过程较慢，故又称工频电压升高。常见的暂时过电压有空载长线电容效应、不对称短路接地、甩负荷过电压几种。

表 7　低电压电路的绝缘电压

系统电压（交流有效值/直流有效值）V	脉冲耐受电压 V				暂时过电压（峰值/有效值）V
	过电压等级				
	Ⅰ	Ⅱ	Ⅲ	Ⅳ	
50/71	330	500	800	1500	1770/1250
100/141	500	800	1500	2500	1840/1300
150/213	800	1500	2500	4000	1910/1350
300/424	1500	2500	4000	6000	2120/1500
600/849	2500	4000	6000	8000	2550/1800
1000/1500	4000	6000	8000	12 000	3110/2200

注 1：直接与电网连接的电路不允许插值，其他回路可以。
注 2：最后一行只适用于单相系统，或三相系统中的线电压。
注 3：暂时过电压只适用于直接与电网连接的电路。
注 4：与电网隔离的电路视为过电压等级Ⅱ，最小脉冲电压取 2500V，系统电压取最大额定光伏开路电压。

　　过电压等级是描述设备在配电网络中的位置，位置不同承受的过电压等级不同，共分为 4 个等级，也称过电压类别。

——过电压类别Ⅰ：连接至具有限制瞬态过电压至相当低水平措施的电路的设备（如具有过电压保护的电子电路）上所承受的过电压。

——过电压类别Ⅱ：由配电装置供电的耗能设备（此类设备包含可移动式工具及其他家用和类似用途负荷）上所承受的过电压。如果此类设备的安全（可靠）性和适用性具有特殊要求，则采用过电压类别Ⅲ。

——过电压类别Ⅲ：安装在配电装置中的设备，以及设备的使用安全（工作可靠）性和适用性必须符合特殊要求者（此类设备包含如安装在配电装置中的开关电器和永久连接至配电装置的工业用设备）上所承受的过电压。

——过电压类别Ⅳ：使用在配电装置电源端的设备（此类设备包含如电能表和前级过电流保护设备）上所承受的过电压。

光伏逆变器直流侧按照过电压 II 级设计，交流侧按照过电压 III 级设计。

6.1.7.3 电气间隙

功能绝缘、基本绝缘或附加绝缘的最小电气间隙应满足表 8 的要求。海拔 2000m 和以上使用的设备，电气间隙应根据附录 B 的修正因子进行修正。加强绝缘的电气间隙应根据高一级的脉冲电压、1.6 倍暂时过电压、1.6 倍工作电压三者中最严酷的工况确定。

表8 电 气 间 隙

脉冲电压 V	用于确定电路及其周边之间绝缘的暂时过电压（峰值）或用于确定功能绝缘的工作电压（重复峰值） V	用于确定电路及其周边之间绝缘的工作电压（重复峰值） V	最小电气间隙 mm		
			污染等级		
			1	2	3
—	≤110	≤71	0.01	0.20[a]	0.80
—	225	141	0.01	0.20	0.80
330	340	212	0.01	0.20	0.80
500	530	330	0.04	0.20	0.80
800	700	440	0.10	0.20	0.80
1500	960	600	0.50	0.50	0.80
2500	1600	1000	1.5		
4000	2600	1600	3.0		
6000	3700	2300	5.5		
8000	4800	3000	8.0		
12 000	7400	4600	14.0		
注1: 允许插值。					
注2: 根据工作电压、脉冲电压、暂时过电压的值查表，取电气间隙值最大值。					
a 印制电路板的限值应为 0.1mm。					

【解读】根据 IEC 60664-1 中的定义，电气间隙是指两导电部件之间在空气中的最短距离，即在保证电气性能稳定和安全的情况下，通过空气能实现绝缘的最短距离。

电气间隙的大小和老化现象无关。电气间隙能承受很高的过电压，但当过电压值超过某一临界值后，此电压很快就引起电击穿，因此在确认电气间隙大小时，必须以设备可能会出现的最大的内部和外部过电压（脉冲耐受电压）为依据。在不同场合使用同一电气设备或运用过电压保护器时所出现的过电压大小各不相同。因此，根据不同的使用场合将过电压分为Ⅰ～Ⅳ四个等级。影响电气间隙的因素有脉冲耐受电压、稳态工作电压、暂时过电压、电场条件、海拔、污染级别等。

确定电气间隙的步骤如下：

（1）确定工作电压峰值和有效值；

（2）确定设备的供电电压和供电设施类别；

（3）根据过电压类别来确定进入设备的瞬态过电压大小；

（4）确定设备的污染等级（一般设备为污染等级2）；

（5）确定电气间隙跨接的绝缘类型（功能绝缘、基本绝缘、附加绝缘、加强绝缘）。

（6）查表8得出电气间隙限值，并进行海拔修正等。

6.1.7.4 爬电距离

逆变器爬电距离应同时满足下列要求：

a) 功能绝缘、基本绝缘和附加绝缘的爬电距离应符合表 9 的要求，加强绝缘的爬电距离应为表9中数值的2倍。

表9 爬 电 距 离 要 求

工作电压 V	印制线路板[a] 的爬电距离		其他绝缘体的爬电距离								
	污染等级1[b]	污染等级2[c]	污染等级1[b]	污染等级2				污染等级3			
				绝缘材料Ⅰ	绝缘材料Ⅱ	绝缘材料Ⅲa	绝缘材料Ⅲb	绝缘材料Ⅰ	绝缘材料Ⅱ	绝缘材料Ⅲa	绝缘材料Ⅲb
≤2	0.025	0.04	0.056	0.35	0.35	0.35		0.87	0.87	0.87	
5	0.025	0.04	0.065	0.37	0.37	0.37		0.92	0.92	0.92	
10	0.025	0.04	0.08	0.40	0.40	0.40		1.0	1.0	1.0	
25	0.025	0.04	0.125	0.50	0.50	0.50		1.25	1.25	1.25	
32	0.025	0.04	0.14	0.53	0.53	0.53		1.3	1.3	1.3	
40	0.025	0.04	0.16	0.56	0.80	1.1		1.4	1.6	1.8	

48

工作电压 V	印制线路板a 的爬电距离		其他绝缘体的爬电距离								
			污染等级1b	污染等级2				污染等级3			
	污染等级1b	污染等级2c	污染等级1b	绝缘材料I	绝缘材料II	绝缘材料IIIa	绝缘材料IIIb	绝缘材料I	绝缘材料II	绝缘材料IIIa	绝缘材料IIIb
50	0.025	0.04	0.18	0.60	0.85	1.20		1.5	1.7	1.9	
63	0.04	0.063	0.20	0.63	0.90	1.25		1.6	1.8	2.0	
80	0.063	0.10	0.22	0.67	0.95	1.3		1.7	1.9	2.1	
100	0.10	0.16	0.25	0.71	1.0	1.4		1.8	2.0	2.2	
125	0.16	0.25	0.28	0.75	1.05	1.5		1.9	2.1	2.4	
160	0.25	0.40	0.32	0.80	1.1	1.6		2.0	2.2	2.5	
200	0.40	0.63	0.42	1.0	1.4	2.0		2.5	2.8	3.2	
250	0.56	1.0	0.56	1.25	1.8	2.5		3.2	3.6	4.0	
320	0.75	1.6	0.75	1.6	2.2	3.2		4.0	4.5	5.0	
400	1.0	2.0	1.0	2.0	2.8	4.0		5.0	5.6	6.3	
500	1.3	2.5	1.3	2.5	3.6	5.0		6.3	7.1	8.0	
630	1.8	3.2	1.8	3.2	4.5	6.3		8.0	9.0	10.0	
800	2.4	4.0	2.4	4.0	5.6	8.0		10.0	11	12.5	
1000	3.2	5.0	3.2	5.0	7.1	10.0		12.5	14	16	—
1250	4.2	6.3	4.2	6.3	9	12.5		16	18	20	
1600			5.6	8.0	11	16		20	22	25	
2000	—	—	7.5	10.0	14	20		25	28	32	
2500			10.0	12.5	18	25		32	36	40	
3200			12.5	16	22	32		40	45	50	
4000			16	20	28	40		50	56	63	
5000			20	25	36	50		63	71	80	
6300			25	32	45	63		80	90	100	
8000	—	—	32	40	56	81		100	110	125	—
10 000			40	50	71	100		125	140	160	

注1：允许插值。

注2：污染等级3，630V以上，不推荐使用绝缘材料IIIb。

注3：1250V以上印制电路板的爬电距离选取参照其他绝缘材料的爬电距离。

注4：绝缘材料分为四组：

  ——绝缘材料I CTI≥600；

  ——绝缘材料II 400≤CTI＜600；

  ——绝缘材料IIIa 175≤CTI＜400；

  ——绝缘材料IIIb 100≤CTI＜175。

a 适用于印制电路板上的元器件和零部件。

b 适用于所有类型的绝缘材料。

c 适用于除IIIb以外的绝缘材料。

b) 印制线路板上功能绝缘的电气间隙和爬电距离不满足表 8 和表 9 的要求时，应符合下列要求：

——印制电路板的阻燃等级为 V－0；

——印制电路板的材料 CTI 值最少为 175；

——短路测试合格。

【解读】本标准在国内已发布的光伏逆变器标准基础上精简了爬电距离内容，更加清晰明了，便于阅读使用。

本标准参照 IEC 62109－1：2010 *Safety of power converters for use in photovoltaic power systems–Part 1：General requirements* 的相关技术要求，对"污染等级为 3，电压在 630V 以上，不推荐使用绝缘材料Ⅲb"。

爬电距离是指沿绝缘表面测得的两个导电零部件之间或导电零部件与设备防护界面之间的最短路径，即在不同的使用情况下，由于导体周围的绝缘材料被电极化，导致绝缘材料呈现带电现象。此带电区（导体为圆形时，带电区为环形）的半径，即为爬电距离。

在绝缘材料表面会形成泄漏电流路径。若这些泄漏电流路径构成一条导电通路，则出现表面闪络或击穿现象。绝缘材料的这种变化需要一定的时间，它是由长时间加在器件上的工作电压所引起的，器件周围环境的污染能加速这一变化。

影响爬电距离的因素有工作电压、污染等级、绝缘材料特性、绝缘表面形状、承受电压时间。因此，在确定端子爬电距离时，要考虑工作电压的大小、污染等级及所运用的绝缘材料的抗爬电特性。根据基准电压、污染等级及绝缘材料组别来选择爬电距离。基准电压值是从供电电网的额定电压值推导出来的。

确定爬电距离的步骤如下：

（1）确定工作电压的有效值或直流值。

（2）确定材料组别（根据相比漏电起痕指数，其划分为：Ⅰ组材料，Ⅱ组材料，Ⅲa 组材料，Ⅲb 组材料）。

注：如不知道材料组别，假定材料为Ⅲb 组。

（3）确定污染等级。

（4）确定绝缘类型（功能绝缘、基本绝缘、附加绝缘、加强绝缘）。

（5）查表9得出爬电距离限值。

6.1.7.5　固体绝缘

固体绝缘应满足表10的要求。

表10　固体绝缘技术要求

固体绝缘方式	基本绝缘	附加绝缘	双重绝缘	加强绝缘
薄膜材料 （厚度≥0.2mm）	1层	1层	2层	1层
薄膜材料 （厚度<0.2mm）	1层	1层	3层，任意2层 满足5.1.3	2层，任意1层 满足5.1.3
印制电路板内层同层相邻电路之间	≥0.2mm	≥0.2mm	≥0.4mm	≥0.4mm
绕组元器件的清漆或磁漆	禁用	禁用	禁用	禁用
涂覆材料	满足GB/T 16935.3的要求			
灌封材料	≥0.2mm	≥0.2mm	≥0.4mm	≥0.4mm

【解读】本标准参照 IEC 62109-1：2010 *Safety of power converters for use in photovoltaic power systems–Part 1：General requirements* 相关技术要求，采用表格的方式加以描述，更加清晰明了，便于阅读使用。

固体绝缘材料是用以隔绝不同电位导电体的固体。一般还要求固体绝缘材料兼具支撑作用。与气体绝缘材料、液体绝缘材料相比，固体绝缘材料由于密度较大，因而击穿强度也高得多，这对减少绝缘厚度有重要意义。

固体绝缘材料可以分成无机和有机两大类。无机绝缘材料包括云母、粉云母及云母制品，玻璃、玻璃纤维及其制品，以及电瓷、氧化铝膜等。它们耐高温，不易老化，具有相当的机械强度，其中某些材料（如电瓷等）成本低，在应用中占有一定地位。无机绝缘材料的缺点是加工性能差，不易适应电工设备对绝缘材料的成型要求。有机绝缘材料包括纸、棉布、绸、橡胶、可以固化的植物油，以及人工合成高分子材料、聚乙烯、聚苯乙烯，它们的介电常数和介质损耗极小，同时也包括有机硅树脂、聚乙烯缩甲醛、聚酯薄膜、耐热的硅橡胶、耐油的丁腈橡胶，以及随后的氟橡胶、乙丙橡胶等，一般具有柔韧、易加工成型的优点，但又具有易老化和耐热性能较差等缺点。

逆变器中采用的绝缘一般就是固体绝缘和空气绝缘，随着时间的推移和设备的使用，固体绝缘会发生老化。一旦固体绝缘被击穿，就不能再恢复。为了降低在逆变器的使用寿命内固体绝缘材料失效的可能性，在本节中规定了不同绝缘类型的固体绝缘最小厚度。对于多层薄绝缘，应使每一层能满足特定的电气强度要求。

6.1.8 存储能量危险防护

逆变器断电后电容器存储的电荷应符合下列要求：

（1）对于插头、连接器等不使用工具断开的设备，断电后暴露导体放电到电压低于决定性电压等级 A 或存储电荷量低于规定限值所需的放电时间应不超过 1s；

（2）在维修人员接触区，维修或安装时可以移动的电容器，断电后暴露导体放电到电压低于决定性电压等级 A 或存储电荷量低于规定限值所需的放电时间应不超过 10s；

（3）当不满足上述要求时，应在外壳、电容器的保护屏障或电容器附件等明显位置标注附录 A 中第 21 个符号及放电时间。

【解读】目前国内已发布的光伏逆变器标准中仅对危险能量做了相关规定，本标准参照 IEC 62109－1：2010 *Safety of power converters for use in photovoltaic power systems–Part 1：General requirements*，对逆变器断电后电容器存储的电荷做了细致说明。

对于电容储存能量会产生危险，国际标准中都要求强制检测。在本标准中，以上述要求（1）为例，用连接器和供电网连接的逆变器，要求在拔断插头之后 1s 内，暴露在外的导体放电到决定性电压等级 A 以下，即交流电压有效值不超过 25V，直流电压平均值不超过 60V，潮湿环境的交流电压有效值应不超过 16V，直流电压平均值不超过 35V。在维修人员接触区，应在 10s 内电容上存储的电荷量低于规定值或电压降到决定性电压 A 以下。

6.2 能量危险的保护

6.2.1 危险能量等级的确定

出现下列任意一种情况，则判定为存在危险能量：

（1）电容器电压等于或大于 2V，且 60s 之后功率超过 240VA。

（2）电容器电压等于或大于 2V，按式（1）计算的电能 E 超过 20J：

$$E = 0.5\,CU^2 \tag{1}$$

式中：

E ——能量，单位为焦耳（J）；

C ——电容，单位为法拉（F）；

U ——测得的电容器电压，单位为伏特（V）。

【解读】在电容充电后关闭电源，电容内的电荷仍可能储存很长的一段时间。此电荷足以产生电击，或是破坏相连接的仪器。一个抛弃式相机闪光模组由 1.5V AA 干电池充电，看似安全，但其中的电容可能会充电到 300V，300V 的电压产生的电击会使人非常疼痛，甚至可能致命。许多电容的等效串联电阻（ESR）低，因此在短路时会产生大电流。在维修具有大电容的设备之前，需确认电容已经放电完毕。出于安全上的考量，所有大电容在组装前需要放电。若是放在基板上的电容器，可以在电容器旁并联一泄放电阻（bleeder resistor）。在正常使用的，泄放电阻的漏电流小，不会影响其他电路，而在断电时，泄放电阻可提供电容放电的路径。高压的大电容在储存时需将其端子短路，以确保其储存电荷均已放电，因为若在安装电容时，若电容突然放电，产生的电压可能会造成危险。电容上储存的能量大于或等于 20J 或者在电压等于或大于 2V 时可给出的持续功率等级超过 240VA 就定义为危险能量。

6.2.2 操作人员接触区

操作人员接触区应满足下列要求：

a) 可触及电路不应产生危险能量；

b) 金属物体桥接的时候可能会引起伤害；

c) 操作人员接触区应采用限制能量、设置屏障、设置护栏等防护措施。

【解读】此项要求的主要宗旨是防止操作人员在开放的带电区域当中触电风险。在 IEC 62109-1：2010 *Safety of power converters for use in photovoltaic power systems -Part 1： General requirements* 7.3.4 中，有针对逆变器开放区可接触到的部分，要进行相应的探指测试，以便防止触电危险。此外，提供屏障、护栏和类似的防止无意接触的措施，也是出于操作人员的安全考量而进行的必要措施。

6.2.3 维修人员接触区

维修人员接触区应满足下列要求：

a) 位于操作面板后面、在维修或安装时可以移动的电容器，在逆变器断电之后存储的电荷应不构成能量危险；

b) 断开电源之后，逆变器内部的电容器应在 10s 之内放电至能量低于的 20J；当不能满足上述要求时，则应在外壳、电容器的保护屏障或电容器附件等清晰可见的位置标注附录 A 中第 21 个符号以及放电时间；

c) 逆变器关机或与外部电源断开，储能元件（如电池或超级电容）处于带电状态时，应采取挡板或其他绝缘措施，并在醒目位置标注附录 A 中第 21 个符号。

【解读】国内已发布的光伏逆变器标准中主要是说明电容元器件带电时逆变器应采取的措施，本标准增加了逆变器电源断开时储能元件带电情况下所应采取的措施。

6.3 温度限值

逆变器所使用的材料和部件的温度限值应满足表 11、表 12 和表 13 的要求。

表 11　绕组及其绝缘系统总温度限值

绝缘等级	温度限值 （表面粘贴热电偶法） ℃	温度限值 （线圈阻值变化法和多点埋入式热电偶法） ℃
Class A（105℃）	90	95
Class E（120℃）	105	110
Class B（130℃）	110	120
Class F（155℃）	130	140
Class H（180℃）	150	160
Class N（200℃）	165	175
Class R（220℃）	180	190
Class S（240℃）	195	205

表 12　材料和零部件的温度限值

材料和零部件	温度限值 ℃
电容器——电解型	65
电容器——非电解型	90
外部连接的接线柱	60
外部导体能够触及的接线腔表面或内部的任意点	60
内部的绝缘导线	额定温度
熔断器	90
印制电路板	105
绝缘材料	90

注：标识了使用温度范围的零部件不受此表限制，其温度限值为标注的使用温度范围最高值。

表 13　接触表面总温度限值

位　置	温度限值 ℃		
	金属	玻璃材料	塑料、橡胶
经常操作的设备（旋钮、手柄、开关、显示器等）	55	65	75
不经常操作的设备（旋钮、手柄、开关、显示器等）	60	70	85
接触外壳	70	80	95

注：如果设备易接触部分的表面标注有附录 A 中的第 14 个符号，易接触部件发热作为设备预期功能的一部分（如散热器），则允许其表面最高温度 100 ℃。

【解读】温升是指电子电气设备中的各个部件高出测试环境的温度。产品的温升试验也是安规要求的一个重要部分，产品工作时可被接触到的部分，如果温度过高可能会造成人身伤害，而且设备内部过高的温度也会影响产品性能，甚至导致绝缘等级下降或者增加产品机械的不稳定性。因此，在产品设计过程中，温升实验是保证产品能够安全稳定工作需要考虑的一个重要步骤。逆变器测试温升时通常会测试其重要元件 IGBT、电抗器、变压器、IC 元件、母排、人接触的把手、操作屏等部位的温升，将被测设备置于厂家宣称的最高工作温度或额定温度下运行，记录稳定后其元件高于环境温度的温升，以此来验证逆变器的设计是否合理。

温升的测试方法按照温度仪表的不同，可以分为非接触式与接触式两大类。

非接触式测量法能测得被测物体外部表现出来的温度，需要通过对被测物体表面发射率修正后才能得到真实温度，而且测量方法受到被测物体与仪表之间的距离，以及辐射通道上的水汽、烟雾、尘埃等其他介质的影响，因此测量精度较低，如红外辐射测温技术。

接触式测量法是采用接触式测温仪温度探头，一般有热电偶和热电阻两种：热电偶的工作原理是基于塞贝克（seeback）效应，两种不同成分的导体两端连接成回路，如两连接端温度不同，则在回路内产生热电流的物理现象，利用此现象来测量温度。热电阻的测量原理是根据温度变化时本身电阻也变化的特性来测量温度。接触式的测试方法中测温元件直接与被测介质接触，直接测得被测物体的温度，因而简单、可靠、测量精度高。

6.4 机械防护

6.4.1 基本要求

在正常使用和单一故障条件下操作逆变器不应产生机械危险。棱缘、凸起、拐角、孔洞、护罩和手柄等操作人员能够接触的部位应光滑。

【解读】机械防护是对产品的运动部件或人操作的部件不应产生割伤、刺伤等危险。对逆变器而言，内部安装的散热风扇要进行防护，防护罩上的孔洞应保证人的手指不能接触里面的运动部件。另外，人体能触碰的操作把手、护罩、手柄及维修时需要接触的表面应保证光滑无毛刺，防止人被割伤或刺伤。

6.4.2 运动部件

逆变器的散热风机等运动部件应符合下列要求：

（1）只有借助工具才能接触运动部件；

（2）通过拆卸才能接触到危险部位的盖子或零部件上要有警告标识；

（3）不应安装自动复位的热断路器，过流保护装置或自动定时启动装置等。

【解读】运动部件需要有防护措施，防护罩等措施应该安装牢固，不应徒手拆卸，并且防护罩的盖子或零部件上要有警告标识，警示人们里面是危险运动部件。

6.4.3 稳定性

非固定到建筑构件上的逆变器应具有稳定性。打开逆变器时应自动开启保持稳定作用的装置或具有警告标识。

【解读】本标准参照 IEC 62109-1：2010 *Safety of power converters for use in PV systems – General Requirements* 中 8.3。主要考量的是：当操作人员打开逆变器的门或抽屉后，逆变器因重心发生变化所造成的倾覆对人身所造成的潜在风险。

6.4.4 搬运措施

逆变器的手柄应能承受逆变器重力 4 倍的力。质量为 18kg 及以上的逆变器，应具有搬运指导文件。

【解读】本标准参照 IEC 62109-1：2010 *Safety of power converters for use in PV systems – General Requirements* 中 8.4.主要是为了保护安装人员在搬运逆变器时，因搬运手柄的断裂造成逆变器跌落对安装人员的潜在机械伤害。针对大型逆变器，需要厂商给出明确的搬运指引要求。

6.4.5 壁挂安装

逆变器安装支架应能承受逆变器重力 4 倍的力。

6.4.6 抛射零部件

逆变器故障条件下不应抛射对人产生伤害的零部件。当逆变器不可避免带有抛射零部件时，则应限制其抛射能量。设备对抛射零部件的防护措施，应使用工具才能拆卸。

6.5 着火危险的防护

6.5.1 设备用材料的可燃性要求

设备内外侧的可燃性应符合表格 14 的要求。

表 14 材 料 的 可 燃 性

零部件	最低要求
外壳材料表面积大于 1m² 或单个方向的长度超过 2m	火焰蔓延指数不超过 100
防火外壳	——5VB 级； ——满足 GB/T 5169.11 的试验方法； ——灼热丝试验（与可能产生引燃温度的零部件之间的空气距离小于 13mm）
防火外壳外部元器件和零部件，包括防火外壳外部的机械防护外壳和电气防护外壳	——HB 级或 HBF 级； ——作为可燃物可以忽略不计的小零部件，包括标签、安装脚轮、键帽、把手等不做阻燃要求； ——气动或液压系统的管道，粉末或液体的容器，以及泡沫塑料零部件，可用可燃性等级为 HB 级的材料做成
防火外壳内部元器件和零部件，包括防火外壳内的机械防护外壳和电气防护外壳	——V－2 级或 HF－2 级； ——元器件满足相关的标准要求； ——线束的各种夹持件（不包括螺旋缠绕式的或其他连续形式的夹持件）等不做阻燃要求
空气过滤装置	——V－2 级或 HF－2 级； ——安装在防火外壳外部，可以使用 HB 级

应具有相应的阻燃等级，即物质具有的或材料经处理后具有的明显推迟火焰蔓延的性质，并以此划分的等级制度。UL94是塑料材料可燃性评价标准中应用最广泛的，它用来评价材料在被点然后熄灭的能力。根据燃烧速度、燃烧时间、抗滴能力以及滴珠是否燃烧可有多种评判方法。每种被测材料根据颜色或厚度都可以得到很多值。当选定某个产品的材料时，其UL等级应满足塑料零件壁部分的厚度要求，阻燃等级与厚度颜色均有关，只有阻燃等级没有厚度是不够的。

塑料阻燃等级由HB、V-2、V-1向V-0逐级递增：

（1）HB：UL94标准中最低的阻燃等级。要求对于3~13mm厚的样品，燃烧速度小于40mm/min；小于3mm厚的样品，燃烧速度小于70mm/min；或者在100mm的标志前熄灭。

（2）V-2：对样品进行两次10s的燃烧测试后，火焰在60s内熄灭。可以有燃烧物掉下。

（3）V-1：对样品进行两次10s的燃烧测试后，火焰在60s内熄灭。不能有燃烧物掉下。

（4）V-0：对样品进行两次10s的燃烧测试后，火焰在30s内熄灭。不能有燃烧物掉下。

（5）5VA或5VB：要求火焰长度为5in（1in=2.54cm），对测试样品施加5次燃烧，不允许有熔滴滴落，不允许测试样品有明显的扭曲，也不能产生任何被烧出来的洞。

UL94共12个防火等级：HB、V-0、V-1、V-2、5VA、5VB、VTM-0、VTM-1、VTM-2、HBF、HF1、HF2。其中，VTM-0、VTM-1、VTM-2适用于塑料薄膜，HBF、HF1、HF2适用于发泡材料。

6.5.2 短路和过流保护

短路和过流保护应满足下列要求：

a) 逆变器输入端口在短路和过载时存在过流危险时应配置短路保护和过流保护；

b) 逆变器内部的短路保护装置不能分断该端口的最大短路电

流时，安装说明书中应包含需另外安装一个可以分断该端
口预期最大短路电流的保护装置作为后备保护的说明。

【解读】短路保护，在输入端接线错误、绝缘破坏时都将产生短
路故障，对于 2 个组串并联输入到一个 MPPT 模块的逆变器而言，
组串能够承受其中 1 路短路造成的短路电流，短路电流一般最大为
额定电流的 1.1 倍，此时，逆变器直流侧不必配置短路保护设备，若
大于 2 串组串并联输入，其中 1 串发生短路故障时，另外的组串将
同时反灌电流到故障组串，将造成组件的损坏，所以必须配置短路
保护设备。如果逆变器内部装设的短路保护装置不能分断预期可能
会产生的短路电流，则需要外置短路电流保护装置，该装置的具体
参数和要求应该在说明书中加以说明。

6.6　噪声

20μP 参考声压工况下，逆变器噪声超过 80dBA 时，应标注附录
A 中第 22 个符号。

【解读】一般户用的光伏逆变器对噪声的要求比较严苛，要求不
超过 65dB，对于工商业用及大型地面电站用的逆变器噪声没有严格
的要求，测出实际的噪声值如果大于 80dB，可以在现场准备听力防
护耳机，并在铭牌上标明。

6.7　其他要求

6.7.1　光伏方阵绝缘阻抗

6.7.1.1　用于不接地光伏方阵的逆变器

与不接地的光伏方阵连接的逆变器应具有光伏方阵直流绝缘阻
抗的检测功能。阻抗小于 V_{maxpv}/30mA 时，应满足如下要求：

a）隔离型的逆变器或非隔离逆变器通过变压器接入电网且符
合 30mA 接触漏电流和着火漏电流的要求时，应指示故障，
故障期间可运行，阻抗满足上述要求时可停止报警。

b）非隔离逆变器直接接入电网或非隔离逆变器通过变压器接
入电网但其不符合 30mA 接触漏电流和着火漏电流的要求，
应指示故障，且不应并网。阻抗满足上述要求时，可停止
报警并接入电网。

【解读】逆变器在并网前需要进行绝缘阻抗检测，如若逆变器显示"绝缘阻抗过低"。这意味着逆变器检测到组件的正极或者负极对地绝缘阻抗过低，说明直流侧线缆或组件出现对地绝缘阻抗有异常的情况，这是一项基本的功能，也是逆变器的强制要求。绝缘阻抗过低，当机器还在并网发电，会造成用电设备机壳带电，给人身带来触电的安全隐患；故障点对地放电会造成局部发热或者直流侧拉弧风险，会带来火灾安全隐患。

6.7.1.2 用于功能接地光伏方阵的逆变器

用于功能接地光伏方阵的逆变器应满足下列要求：

a) 含预置的用于功能接地的电阻在内，总接地阻抗不得小于 V_{maxpv}/30mA。预期的阻抗值可以在所接方阵面积可知的情况下，按照每平方米的绝缘方阵 40MΩ 计算，也可根据逆变器的额定功率和逆变器连接的最差的电池板的效率来计算。

b) 总接地电阻不满足 a）的要求时，逆变器应能提供一个在运行过程中检测通过总接地电阻的电流检测装置。残余电流响应时间不满足表 15 要求时，应断开电阻或者用其他方式实现限流。

c) 非隔离逆变器直接接入电网或非隔离逆变器通过变压器接入电网但其不符合 30mA 接触漏电流和着火漏电流的要求时，应从电网断开。

【解读】逆变器在并网前需要进行绝缘阻抗检测，如若逆变器显示"绝缘阻抗过低"。这意味着逆变器检测到组件的正极或者负极对地绝缘阻抗过低，说明直流侧线缆或组件出现对地绝缘阻抗有异常的情况，这是一项基本的功能，也是逆变器的强制要求。绝缘阻抗过低，当机器还在并网发电，会造成用电设备机壳带电，给人身带来触电的安全隐患；故障点对地放电会造成局部发热或者直流侧拉弧风险，会带来火灾安全隐患。

6.7.2 光伏方阵残余电流

6.7.2.1 基本要求

基本要求如下：

a) 当逆变器与决定性电压等级 B 和决定性电压等级 C 的不接地光伏方阵连接时，非隔离逆变器直接接入电网或非隔离逆变器通过变压器接入电网但其不符合 30mA 接触漏电流和着火漏电流的要求应通过残余电流检测装置（RCD）或残余电流突变监测功能提供防电击保护。

b) 隔离型的逆变器或非隔离逆变器通过变压器接入电网且符合 30mA 接触漏电流和着火漏电流的要求可不做此要求。

c) 非隔离逆变器直接接入电网或非隔离逆变器通过变压器接入电网但其不符合 30mA 接触漏电流和着火漏电流的要求时，应提供残余电流检测装置（RCD）或连续漏电流监测功能。满足着火漏电流的隔离型逆变器可不做此要求。

d) 着火漏电流限值如下：

——300mA 有效值，适用于额定功率≤30kVA 的逆变器；

——10mA/kVA 有效值，适用于额定功率＞30kVA 的逆变器。

6.7.2.2 残余电流检测

残余电流检测应满足下列要求：

a) 连续残余电流超过限值的逆变器应在 0.3s 内断开并发出故障发生信号：

——300mA，适用于额定容量≤30kVA 的逆变器；

——10mA/kVA，适用于额定容量＞30kVA 的逆变器。

b) 突变残余电流超过限值的逆变器的断开时间应满足表15 的要求。

表15 突变电流响应时间

残余突变电流	断开时间
30mA	0.3s
60mA	0.15s
150mA	0.04s

【解读】光伏电站中，残余电流是绝缘出现故障造成的对地放电或者设备对地漏电，当系统残余电流过大时，会有可能导致触电危险，因此需要对系统的残余电流进行相应的监控。

7 电气性能

7.1 有功功率

7.1.1 标称功率

逆变器输出额定有功功率应满足标称功率要求,并应满足 1.1 倍额定功率长期过载运行的要求。

【解读】标称功率定义为逆变器铭牌或技术文档中注明的额定输出功率。

本标准要求逆变器制造商应关注产品的长期过载运行能力,在产品设计和关键元器件选型阶段需考虑一定的裕量,提高自身的过流能力以适应不同光伏发电站的应用场合。部分光伏电站在辐照度比较强的时间段曾经发生过逆变器过流烧坏的现象,主要有以下几个原因:光伏逆变器的直流侧不具备过载运行时更高的耐压能力,主回路功率器件的选择不具备过载运行时的电流承载力,散热能力差导致热量积聚到器件极限温度。

修订中的 GB 50797《光伏发电站设计规范》中已要求电站设计时要考虑一定的超配,结合近几年光伏电站的设计经验,基本上超配比例在 1.1~1.25 之间,该指标可能会设定上限为 1.3。这就对逆变器提出了更高的要求,逆变器过载能力的提高能够扩展组件超配比例,让电站在设计时更加灵活,同时在--定程度上降低弃光率,减少逆变器超负荷工作时间,提高运行寿命。因此,本标准提出了1.1 倍的长期运行要求。

7.1.2 有功控制

7.1.2.1 给定值控制

给定制控制功能应满足下列要求:

——A 类逆变器应具备有功功率连续平滑调节的能力,能接受功率控制系统指令调节有功功率输出值。控制误差应为逆变器额定有功功率的±1%,响应时间不应大于 1s,响应时间的计算方法应满足附录 C 的要求。

——B 类逆变器宜与 A 类光伏逆变器的要求相同。

【解读】给定值控制定义为光伏逆变器响应有功功率指令的性能，即从逆变器接收到有功功率控制指令后的响应能力。主要技术指标有启动时间、响应时间、调节时间及控制精度。本标准附录C中详细说明了各项指标的定义和计算方法。

随着光伏发电技术在中国的不断发展，光伏发电接入比例的不断提高。为了确保电网的稳定运行，光伏电站不仅要具备接受电网调度控制、调节有功功率输出的功能，还应在性能方面满足不同电网的要求，光伏电站控制有功功率输出功能主要依靠电站AGC系统给逆变器下发有功功率控制指令，因此逆变器需要响应电站的指令，精确控制有功功率。

本标准不仅规定了光伏逆变器在有功调度方面的功能性，还提出了响应时间不大于1s这一要求。当输入侧功率满足要求时，极端情况是光伏逆变器最快要在1s之内从待机状态运行到满功率输出状态。随着光伏逆变器的设计和控制不断优化，现阶段我国逆变器技术已经处于国际领先水平，在征求广大逆变器厂家意见的基础上，提出了1s这一技术指标，同时将控制误差定为额定有功功率的±1%。

标准新增该条款，为电网能够快速、准确地调度光伏电站的有功功率提供技术保障。

7.1.2.2 启停机变化率控制

启停机变化率控制功能应满足下列要求：

——A类逆变器应能设置启停机时有功功率的变化速度，逆变器启动和停机时有功功率控制误差不应超过额定有功功率的±5%，启动和停机过程中交流侧输出的最大峰值电流不应超过额定交流峰值电流的1.1倍。

——B类逆变器宜与A类光伏逆变器的要求相同，但可不具备启停机变化率控制的功能。

【解读】启停机变化率不仅包含了对逆变器启动过程中有功功率增加速率的要求，还包含了停机过程中有功功率下降速率的要求。考虑光伏装机容量在某些区域电网中占比的不断增加，剧烈的功率变动（增加或减少）除了对电网造成一定冲击外，还可能造成光伏电站内某些保护装置误动作。

集中并网光伏电站多数是 35kV 或者 110kV 并网，此类光伏电站并网电压等级高、装机容量大，站内配置的电气设备复杂、保护装置多，保护程序相对复杂，因此对 A 类逆变器提出启停机变化控制率的指标要求，对于 B 类逆变器不提出强制要求。

启停机是逆变器运行的动态工况，因此适当放宽控制误差范围为额定电流的±5%，同时考虑控制的裕量，以及逆变器和交流侧连接相关设备在启停机过程中不超过正常运行的范围，保证其自身运行的稳定性和可靠性，动态过程中取 1.1 倍额定电流为最大电流限值，具体指标描述如图 7-1 所示，逆变器从开始启动到 t_1 时刻，维持运行至 t_2 时刻后开始停机，至 t_3 时刻进入停机状态，0 到 t_1 时刻，t_2 到 t_3 时刻要求功率波动不超过虚线范围，而电流峰值不超过 1.1 倍 I_N（额定交流峰值）。

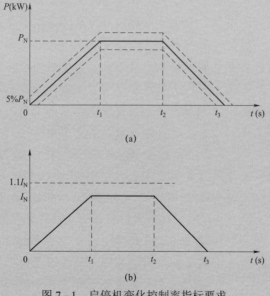

图 7-1　启停机变化控制率指标要求
（a）启停机有功功率控制误差；（b）启停机峰值电流要求

7.1.2.3 一次调频控制

A 类逆变器宜具有一次调频控制的功能，当系统频率偏差值大于 0.03Hz，逆变器应能调节有功输出，具体要求如下：

a) 当系统频率上升时，逆变器应减少有功输出，有功出力最大减少量为 20%P_N；

b) 当系统频率下降时，逆变器配有储能设备时可增加有功输出；

c) 一次调频的调差率应可设置；

d) 一次调频控制响应时间不应大于 500ms，调节时间不应大于 2s。

注：P_N 为被测逆变器的额定有功功率值。

【解读】我国风电和光伏大规模装机快速发展，由光伏发电和风力发电组成的波动性新能源正在由补充性能源向替代性能源的角色转变。电网在实际运行时，有功动态平衡时刻影响系统频率变化，当系统产生功率冲击、频率波动时，通常是依靠常规发电机组自身转动惯量进行调节，但光伏发电通过电力电子逆变器并网，不具备电力系统安全稳定运行所需的转动惯量和阻尼特性，因此光伏并网比例的增高挤占具有转动惯量的常规水、火电机组空间，电源结构发生较大变化，电网可用的快速频率响应资源逐步减少，在大功率缺失或故障情况下，极易诱发全网频率失稳。对电网某线路进行仿真分析，模拟电网频率故障，当新能源零开机时，电网频率峰值约为 50.25Hz，当新能源开机 1200 万 kW 且全部具备有功附加控制功能时，电网频率峰值约为 50.30Hz；当新能源开机 1200 万 kW 且不具备有功附加控制功能时，电网频率峰值约为 50.35Hz。通过仿真分析结果可知，不具备一次调频功能的新能源场站在电网中占比越高，电网频率失稳的风险越大。国外在新能源参与电网调频方面已开展相关研究，欧洲、北美等地区的新能源入网标准已明确新能源场站并网点应具备一次调频功能，目前主要实现方法如下：风电机组可采用惯量响应控制、转速控制、桨距角控制技术实现频率快速响应，光伏逆变器可通过逆变器控制技术实现频率快速响应；虚拟同步机技术可通过电力电子控制技术模仿同步机，为电网提供功率频率支撑，实现新能源频率快速响应。国内新能源参与电网一次调频已开展相关试点研究，逐步步入实用化阶段，2018 年发布的电力行业标准 DL/T 1870—2018《电力系统网源协调技术规范》中明确规定了新能源场站应具备一次调频功能；2018 年 8 月 7 日，国家能源局西北监管局发布《国家能源局西北监管局关于开展西北电网新能源场站快速频率响应功能推广应用工作的批复》（西北能监市场〔2018〕41号），文件中"新能源场站快速频率响应功能推广应用工作方案"规定了推广应用范围为西北电网内接入 35kV 及以上电压等级的风电场、光伏发电站。按照保障电网本质安全的原则，计划分三个批次在西北电网开展新能源场站快速频率响应推广应用工作，各新能源场站、相关设备厂商应扎实做好改造工作，严控时间节点。

综上分析，迫切需要新能源场站参与电网快速频率响应，提升电网频率安全水平。因此，为了确保电网的稳定运行，应考虑光伏发电站与常规能源（水电机组/火电机组）一样具备一次调频的功能。光伏发电站一次调频的功能可由站内控制系统 AGC 或逆变器自主控制两种方式实现。当考虑用后者实现一次调频功能时，逆变器应具有自主控制能力并调节有功功率输出。本标准规定逆变器自主调频的调差率宜可设置，并对响应时间和调节时间提出了要求。对站内控制系统 AGC 方式的响应时间和调节时间，应从逆变器接收到有功功率控制指令开始计算。

考虑到逆变器功率控制响应速度高于传统同步发电机组，为最大限度地发挥光伏对电网频率稳定性的快速支撑，本标准规定的控制响应时间 500ms 和调节时间 2s 均快于常规能源 2s 和 30s。

逆变器可按照图 7-2 设置一次调频曲线图。

一次调频（PFC），即当电力系统频率偏离目标频率时，发电厂通过控制系统的自动反应，调整有功出力减少频率偏差的控制功能。

一次调频调差率定义为有功调频系数，是反映一次调频静态特性曲线的斜率，即系统频率波动时，有功变化量标幺值与频率变化量标幺值的比值的负值，用公式表示如下：

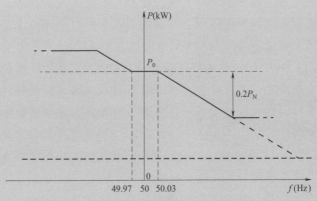

图 7-2　一次调频曲线图（示例）

$$k_f = -\frac{\Delta P / P_N}{\Delta f / P_N}$$

式中　ΔP——有功功率的变化量；

　　　P_N——光伏逆变器额定输出有功功率；

　　　Δf——系统频率的变化量；

　　　f_N——系统额定频率。

一次调频响应时间，定义为从系统频率升高或降低超过一次调频死区开始，光伏逆变器实际输出有功功率变化量达到一次调频输出目标值之差的90%所需的时间。

一次调频调节时间，定义为从系统频率升高或降低超过一次调频死区开始，下一次频率升高或降低未到达之前，光伏逆变器实际输出有功功率达到一次调频输出目标值，且波动范围在有功功率变化量±5%内的起始时刻。

一次调频的响应时间、调节时间和控制误差具体计算方法参考附录C。

对于一次调频的死区设置，不同类型的发电站有不同的死区范围，DL/T 1870—2018 中对一次调频的死区时间做了如下规定，见表 7-1。

表 7-1　一次调频死区时间要求

序号	机组类型	死区设置 Hz
1	火电机组（机械、液压调速器）	±0.1
2	火电机组（电液调速器）	±0.033
3	燃机机组	±0.033
4	核电机组	|死区|≤0.08
5	水电机组	±0.05

0.03Hz 是逆变器一次调频死区，考虑到火电机组与燃机机组发电机 3000r/min，额定转速死区一般设置为±2r/min，对应频率即为0.03Hz。

7.2　无功功率

7.2.1　无功容量

逆变器稳态无功功率输出范围应满足图 7 要求，A 类逆变器应在所示实线矩形框内动态可调，B 类逆变器应在所示阴影框内动态可调。

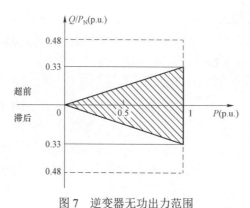

图 7　逆变器无功出力范围

具备电网无功支撑能力的 A 类逆变器无功功率输出范围宜在虚线矩形框内动态可调。

【解读】本标准对光伏逆变器应具备的无功支撑能力提出了新的

要求，将具体特殊规定详细化，增加了逆变器无功功率的出力范围，要求具备电网无功支撑能力的逆变器无功功率输出范围宜在虚线矩形框内动态可调。（当有功功率为1p.u.、无功功率为0.48p.u.时，对应的功率因数为超前/滞后0.90）。

无功支撑能力：光伏逆变器应能发出的最大感性无功和最大容性无功。

当有功功率为1p.u.、功率因数为超前/滞后0.95时，对应的无功功率为0.33p.u.。

本标准中对应的阴影框即为逆变器在超前0.95~滞后0.95的范围内动态可调。对比B类逆变器，标准要求A类光伏逆变器无功电压可调范围与有功功率相互独立，在有功功率0~100%PN全范围段均可满足全量程的无功功率输出能力。

7.2.2 无功控制

无功控制功能应满足下列条件：

——A类逆变器应具有多种无功控制模式，包括电压/无功控制、恒功率因数控制和恒无功功率控制等，具备接受功率控制系统指令并控制输出无功功率的能力，具备多种控制模式在线切换的能力。逆变器无功功率控制误差不应大于逆变器额定有功功率的1%，响应时间不应大于1s。

——B类逆变器宜与A类光伏逆变器的要求相同。

【解读】光伏电站应具备调节电网电压稳定和无功平衡的能力，本标准增加了逆变器的多种无功控制方式的要求，对无功容量、无功控制误差和响应时间等给出了具体的数据指标要求。

逆变器无功控制响应时间：逆变器自接收到无功功率/电压控制指令开始，直到逆变器无功功率实际输出变化量（目标值与初始值之差）达到变化量目标值的90%所需的时间。

逆变器无功功率控制误差：逆变器无功功率实际输出值与目标值之差。

本标准对逆变器无功功率控制误差和逆变器无功控制响应时间做出了明确要求，规定了逆变器无功功率控制误差不应大于逆变额定有功功率的 1%，响应时间不应大于 1s。

IEEE Std 1547 *Standard for Interconnecting Distributed Resources with Electric Power Systems* 标准中对无功容量做了具体要求，但未对无功功率控制误差和无功控制响应时间做具体要求。

逆变器无功控制响应时间和逆变器无功功率控制误差可参考图 7-3。

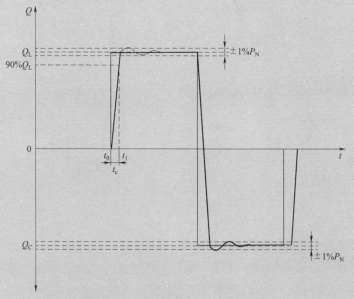

图 7-3 无功功率控制曲线示意图

t_0—控制信号输入时刻；t_1—无功功率首次达到阶跃值的 90%的时刻；t_c—无功控制响应时间；
Q_L—输出感性无功功率目标值；Q_C—输出容性无功功率目标值

7.3 电能质量

7.3.1 三相电流不平衡度

逆变器负序三相电流不平度不应超过 2%，短时不应超过 4%。

【解读】技术要求变更：理想三相平衡系统中应是三相电压/电流幅值完全相同，相角偏差 120°，而实际电力系统中，由于发电设备、输配电线路以及用电负荷不可能完全一致，导致三相电压/电流幅值不会完全一致，相角也会偏离，即通称的三相不对称。电能质量中使用不平衡度指标来表明三相系统中三相电压/电流的不对称程度，由电压或电流负序分量除以正序分量计算得出。电压正负序分量和不平衡度计算公式如下，电流的计算公式同理，将电压换成电流即可：

电网三相电压的向量表达式

$$\underline{U}_a = U\mathrm{e}^{\mathrm{j}\theta} \quad \underline{U}_b = U\mathrm{e}^{\mathrm{j}\left(\theta-\frac{2\pi}{3}\right)}, \quad \underline{U}_c = U\mathrm{e}^{\mathrm{j}\left(\theta+\frac{2\pi}{3}\right)}$$

正序分量

$$\underline{U}_1 = \left[U\mathrm{e}^{\mathrm{j}\theta} + \mathrm{e}^{\mathrm{j}2\pi/3}U\mathrm{e}^{\mathrm{j}\left(\theta-\frac{2\pi}{3}\right)} + \mathrm{e}^{\mathrm{j}4\pi/3}U\mathrm{e}^{\mathrm{j}\left(\theta+\frac{2\pi}{3}\right)}\right]/3$$

零序分量

$$\underline{U}_0 = \left[U\mathrm{e}^{\mathrm{j}\theta} + U\mathrm{e}^{\mathrm{j}\left(\theta-\frac{2\pi}{3}\right)} + U\mathrm{e}^{\mathrm{j}\left(\theta+\frac{2\pi}{3}\right)}\right]/3$$

负序分量

$$\underline{U}_2 = \left[U\mathrm{e}^{\mathrm{j}\theta} + \mathrm{e}^{\mathrm{j}4\pi/3}U\mathrm{e}^{\mathrm{j}\left(\theta-\frac{2\pi}{3}\right)} + \mathrm{e}^{\mathrm{j}2\pi/3}U\mathrm{e}^{\mathrm{j}\left(\theta+\frac{2\pi}{3}\right)}\right]/3$$

不平衡度

$$不平衡度 = \frac{\underline{U}_2}{\underline{U}_1}$$

三相电压不平衡（即存在负序分量）会引起继电保护误动、电动机附加振动力矩和发热。额定转矩的电动机，如长期在负序电压含量4%的状态下运行，由于发热，电动机绝缘的寿命将会降低一半，若某相电压高于额定电压，其运行寿命的下降将更加严重。

目前，国内的不平衡度主要标准为 GB/T 15543—2008《电能质量　三相电压不平衡》。该标准适用于标称频率为 50Hz 的交流电力系统正常运行方式下由于负序基波分量引起的公共连接点的电压不平衡，以及低压系统由于零序基波分量而引起的公共连接点的电压不平衡。标准较为适用于电网运行要求，而光伏逆变器并网点的三相电压不平衡度不完全由光伏逆变器自身决定，还与电网本体不平衡度、线路架构、接入公共连接点的其余发电设备和负荷运行工况相关，光伏逆变器对电网电压不平衡度的贡献主要体现在其并网电流的不平衡度，因此标准中不作三相电压不平衡度要求，使用三相电流不平衡度。

测试步骤应符合下列要求，测试的负序三相电流不平度不应超过 $2\%I_N$，短时不应超过 $4\%I_N$：

（1）被测逆变器运行在 33%额定功率，测试期间被测逆变器的输出功率应保持稳定，运行功率等级允许±5%的偏差；

（2）每个负序电流不平衡度的测量间隔为 1min，仪器记录周期应为 3s，测量次数应满足数理统计的要求，一般不少于 100 次，按方均根取值；

（3）应分别记录其负序电流不平衡度测量值的 95%概率大值以及所有测量值中的最大值作为参考；

（4）被测逆变器分别运行在 66%和 100%额定功率，重复步骤（1）~（3）。

注：对于离散采样的测量仪器推荐按下式计算

$$\varepsilon = \sqrt{\frac{1}{m}\sum_{k=1}^{m}\varepsilon_k^2}$$

式中　ε_k——3s 内第 k 次测得的电流不平衡度；

　　　m——3s 内均匀间隔取值次数（$m \geqslant 6$）。

7.3.2　电流谐波

逆变器输出电流谐波总畸变率应不大于为 $5\%I_N$，各次谐波限值应满足表 16 的要求，注入谐波电流不应包括任何由未连接光伏系统的电网上的谐波电压畸变引起的谐波电流。

表 16　电 流 谐 波 限 值

奇次谐波次数	谐波限值	偶次谐波次数	谐波限值
3th~9th	$4\%I_N$	2th~10th	$1\%I_N$
11th~15th	$2\%I_N$	12th~16th	$0.5\%I_N$
17th~21th	$1.5\%I_N$	18th~22th	$0.375\%I_N$
23th~33th	$0.6\%I_N$	24h~34th	$0.15\%I_N$
35th 以上	$0.3\%I_N$	36th 以上	$0.075\%I_N$
注：I_N 为逆变器交流侧额定电流。			

【解读】更正：逆变器输出电流谐波总畸变率应不大于5%。理想的交流电压波形应是纯正弦，传统的火电和水电的输出电压波形几近正弦，但由于实际线路中的阻抗及非线性负载的原因，导致电网电压波形失真，近年来随着电力电子设备的普及，电网中存在较多的不控整流负载和高频谐波电流源，也增加了电网的电压畸变率；我国的电压基波频率为50Hz，将失真的电压经傅里叶转换分析后，可将电压分解为除了基频（50Hz）外，还有50Hz的整数倍成分倍频，如100Hz、150Hz、$n \times 50Hz$等，这些统称为谐波（harmonic）。

　　谐波使电能的生产、传输和利用的效率降低，使电气设备过热、产生振动和噪声，加速部件绝缘老化，缩短使用寿命，甚至发生故障或烧毁。谐波可引起电力系统局部串并联谐振，使谐波含量放大，造成电容器等设备烧毁，谐波还会引起继电保护和自动装置误动作，使电能计量出现混乱，对于电力系统外部，谐波对通信设备和电子设备会产生严重干扰。

　　目前，国内的电网谐波基础标准为GB/T 14549—1993《电能质量　公用电网谐波》。该标准适用于交流额定频率为50Hz、标称电压为110kV及以下的公用电网。该标准按电网电压和基准短路容量规定了公共连接点的全部用户向该点注入的谐波电流分量限值；国内的光伏并网标准均参照此标准执行。GB/T 19964—2012《光伏发电站接入电力系统技术规定》和GB/T 29319—2012《光伏发电系统接入配电网技术规定》中要求光伏发电站和光伏发电系统所接入公共连接点的谐波注入电流应满足GB/T 14549的要求，其中光伏发电站和光伏发电系统并网点向电力系统注入的谐波电流允许值，应按照光伏发电站和光伏发电系统安装容量与公共连接点上具有谐波源的发/供电设备总容量之比进行分配。国际上多数光伏并网标准按照此方法进行谐波电流判定，见表7-2。

　　但是，上述标准为并网运行要求，并不适用于单独的产品性能检验，原因一是并网的指标要求对产品而言过于宽松，二是产品型式试验中难以评估电网的短路容量，尤其是使用模拟电网的场合。因此，多数产品检测标准使用电流总谐波畸变率THD和单次电流谐

表 7-2　注入公共连接点的谐波电流允许值

标准电压 kV	基准短路容量 MVA	谐波次数及谐波电流允许值 A																						
		2	3	4	5	6	7	8	9	10	11	12	13	14	15	16	17	18	19	20	21	22	23	24	25
0.38	10	78	62	39	62	26	44	19	21	16	28	13	24	11	12	9.7	18	8.6	16	7.8	8.9	7.1	14	6.5	12
6	100	43	34	21	34	14	24	11	11	8.5	16	7.1	13	6.1	6.8	5.3	10	4.7	9.6	4.3	4.9	3.9	7.4	3.6	6.8
10	100	26	20	13	20	8.5	15	6.4	6.8	5.1	9.3	4.3	7.9	3.7	4.1	3.2	6.0	2.8	5.4	2.6	2.9	2.3	4.5	2.1	4.1
35	250	15	12	7.7	12	5.1	8.8	3.8	4.1	3.1	5.6	2.6	4.7	2.2	2.5	1.9	3.6	1.7	3.2	1.5	1.8	1.4	2.7	1.3	2.5
66	500	16	13	8.1	13	5.4	9.3	4.1	4.3	3.3	5.9	2.7	5.0	2.3	2.6	2.0	3.8	1.8	3.4	1.6	1.9	1.5	2.8	1.4	2.6
110	750	12	9.6	6.0	9.6	4.0	6.8	3.0	3.2	2.4	4.3	2.0	3.7	1.7	1.9	1.5	2.8	1.3	2.5	1.2	1.4	1.1	2.1	1.0	1.9

波含有率限值来判定是否合格，如 2009 年出台的金太阳光伏逆变器技术要求 CGC/GF001：2009《400V 以下低压并网光伏发电专用逆变器技术要求和试验方法》、NB/T 32004—2013《光伏发电并网逆变器技术规范》均使用该方法来开展谐波试验，通常要求电流总谐波畸变率不超 5%，各次电流谐波含有率见表 7-3 和表 7-4。

表 7-3　奇次谐波电流含有率限值

奇次谐波次数	含有率限值（%）
3～9	4.0
11～15	2.0
17～21	1.5
23～33	0.6
35 以上	0.3

表 7-4　偶次谐波电流含有率

偶次谐波次数	含有率限值（%）
2～10	1.0
12～16	0.5
18～22	0.375
24～34	0.15
36 以上	0.075

光伏逆变器内的元器件选型主要参考其额定运行参数，如功率器件、电感、电容和电流传感器，多数光伏逆变器在低功率段运行时谐波含有率会超标，但此时谐波电流的具体数值较低，对电网的危害也较小，并且该现象在现有技术条件下也难以解决，多数测试规程会放开光伏逆变器低功率段的谐波电流含有率限值，或不进行考核。标准中也是基于此目的，对光伏逆变器的谐波电流以含有值判定为主。

测试方法具体如下：

（1）控制被测逆变器无功功率输出 $Q=0$，以 10%额定功率运行被测逆变器，测试期间被测逆变器的输出功率应保持稳定，运行功率等级允许±5%的偏差；

（2）谐波电流测试数据的基础时间窗选取 10 个基波周期，即200ms，傅里叶分解后的频谱分辨率为 5Hz，利用式（7-1）按每个时间窗测量一次电流谐波子群的有效值作为输出，取 3s 内 15 次输出结果的方均根值；

（3）连续测量 10min 逆变器输出电流，计算 10min 内所包含的各 3s 电流谐波子群的方均根值，记录最大值；

（4）电流谐波子群应记录到第 50 次，利用式（7-2）计算电流谐波子群总畸变率并记录；

（5）以 20%、30%、40%、50%、60%、70%、80%、90%及 100%额定功率分别重复步骤（1）~（4）。

（6）h 次电流谐波子群的有效值可采用式（7-1）计算：

$$I_h = \sqrt{\sum_{i=-1}^{1} C_{10h+i}^2} \qquad (7-1)$$

式中 C_{10h+i}——DFT 输出对应的第 $10h+i$ 根频谱分量的有效值。

电流谐波子群总畸变率计算公式为

$$THDS_i = \sqrt{\sum_{h=2}^{50} \left(\frac{I_h}{I_1}\right)^2} \times 100\% \qquad (7-2)$$

式中 I_h——10min 内 h 次电流谐波子群的最大值；

I_1——10min 内电流基波子群的最大值。

7.3.3 电压波动与闪变

逆变器接入电网引起的电压波动与闪变值应满足 GB/T 12326 的要求。

【解读】电压波动和闪变是指一系列电压随机变动或工频电压方均根值的周期性变化，以及由此引起的照明闪变。它是电能质量的一个重要技术指标。

电压波动和闪变的危害表现在：① 照明灯光闪烁，引起人的视觉不适和疲劳，影响人眼健康和工作效率；② 电视机画面亮度变化，垂直和水平幅度摇动；③ 电动机转速不均匀，影响产品质量；④ 使电子仪器、电子计算机、自动控制设备等工作不正常；⑤ 影响对电压波动较敏感的工艺或试验结果。

目前，国内的电网电压波动和闪变基础标准为 GB/T 12326—2008《电能质量 电压波动和闪变》。由于光伏逆变器的运行特性与冲击性负荷不太一样，正常运行时不会引起电压波动，因此当前多数测试以闪变为主。此外，由于光伏逆变器运行特性较为平稳，并网运行时对电网闪变的贡献较小，因此新的 IEC 标准中引入了使用电流和虚拟阻抗计算闪变的方法，消除电网本体的闪变因素，以更真实地体现光伏逆变器运行时对电网的闪变贡献。闪变的测试工况包括启停机和稳态运行。

虚拟电网如图 7-4 所示，由电感 L_{fic}、电阻 R_{fic}、理想电压源 $u_0(t)$ 以及电流源 $i_m(t)$ 串联而成，其中电流源模拟被测设备，电感 L_{fic} 和电阻 R_{fic} 模拟电网的内阻，通过改变阻抗比，可以实现虚拟电网阻抗角 ψ_k 的调节。

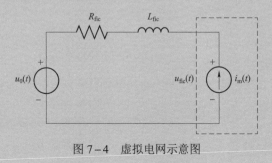

图 7-4 虚拟电网示意图

测试方法如下：

（1）持续运行工况。持续运行状态下的闪变值 P_{st} 应通过测量结合虚拟电网确定，在整个测试过程中，应控制被测逆变器无功功率输出 $Q=0$，并执行下列测量：

a）应在被测逆变器出口侧进行测量，测量电压和电流的截止频率应至少为 400Hz；

b）运行被测逆变器从 10% 到 100% 额定功率，每递增 10% 额定功率记录一组 10min 三相瞬时电压 $u_m(t)$ 和电流 $i_m(t)$；

c）每 10% 额定功率至少测量 2 次，得到三相共 6 组 10min 瞬时电压 $u_m(t)$ 和电流 $i_m(t)$，运行功率等级允许 ±5% 的偏差。

虚拟电网用于确定被测逆变器持续运行状态下的闪变值 $P_{st,fic}$，应按规定的电网阻抗角 $\psi_k=30°$、$50°$、$70°$ 和 $85°$（允许 ±2° 的偏差）分别重复下面的步骤：

——测得的 10min 瞬时电压 $u_m(t)$ 和瞬时电流 $i_m(t)$ 应与 $u_{fic}(t)$ 的表达式结合，得到电压 $u_{fic}(t)$ 的曲线函数；

——电压 $u_{fic}(t)$ 随时间变化的曲线函数应导入符合 IEC 61000－4－15 的闪变算法以得到每 10min 时序的闪变值 $P_{st,fic}$；

——将闪变值 $P_{st,fic}$ 代入式（7－3）计算闪变值 P_{st}，即

$$P_{st} = P_{st,fic} \times \frac{S_{k,fic}}{S_n} \tag{7－3}$$

（2）停机操作工况。停机操作时的闪变值 $P_{st,fic}$ 应通过测量结合虚拟电网确定，在整个测试过程中，应控制被测逆变器无功功率输出 $Q=0$，并执行下列测量：

a）应在被测逆变器出口侧进行测量，测量电压和电流的截止频率应至少为 1500Hz；

b）运行被测逆变器，测量从 100% 额定功率切除过程中的三相瞬时电压 $u_m(t)$ 和电流 $i_m(t)$，测量时段 T 应足够长以确保停机操作引起的电流瞬变已经减弱；

c）至少测量 2 次，得到三相共 6 组 T 时段内的瞬时电压 $u_m(t)$

和电流 $i_m(t)$，运行功率等级允许±5%的偏差。

虚拟电网用于确定被测逆变器停机操作状态下的闪变值 $P_{st,fic}$，应按规定的电网阻抗角 $\psi_k = 30°$，$50°$，$70°$ 和 $85°$（允许±2°的偏差）分别重复下面的步骤：

——所测 T 时段内的瞬时电压 $u_m(t)$ 与电流 $i_m(t)$ 应与 $u_{fic}(t)$ 的表达式结合，得到电压 $u_{fic}(t)$ 的曲线函数；

——电压 $u_{fic}(t)$ 随时间变化的曲线函数应导入符合 IEC 61000–4–15 的闪变算法，每相得到至少 5 次每 T 时段时序的闪变值 $P_{st,fic}$；

——将闪变值 $P_{st,fic}$ 代入式（7–4）计算闪变值 P_{st}，即

$$P_{st} = P_{st,fic} \times \frac{S_{k,fic}}{S_n} \qquad (7-4)$$

7.3.4 直流分量

逆变器交流侧输出电流的直流电流分量不应超过其交流电流额定值的 0.5%。

【解读】直流分量，又称非周期分量。光伏逆变器产生直流分量的原因在于内部控制器件存在零偏，波形过零死区（叠流）时间等导致。直流电流注入电网会产生极大危害，首先影响的就是各级变电站中的变压器设备。直流电流的注入会引起变压器的直流偏磁，直流偏磁导致变压器励磁电流和谐波电流的急剧增加，可能引起变压器铁芯磁饱和，导致铁芯的磁致伸缩；同时，在周期性变化的磁场作用下，硅钢片会改变尺寸，引起振动和噪声，而磁致伸缩产生的振动是非正弦波的，变压器噪声的频谱中含有多种谐波分量，并且随着磁通密度的增大而增大。直流偏磁引起的振动对变压器的危害很严重，可能会引起变压器内有关部件的松动，进而威胁变压器的安全运行。直流偏磁引起的谐波电流是危害性很大的偶次谐波电流，电能质量中对偶次谐波电流的限值要求比奇次谐波更加严格；直流电流并入电网还可能直接供应给交流负载，直流分量会造成电流的严重不对称，损坏负载。

多数标准中要求设备的直流电流分量应不超过其额定电流值的0.5%或 5mA，取二者中较大值。而只有当逆变器额定电流小于 1A时，5mA 技术指标才起作用；中国市场上目前没有 1A 以下的逆变器，因此本标准中只要求直流电流分量不超出额定电流值的 0.5%。

测试方法如下：

（1）以 33%额定功率运行被测逆变器，测试期间被测逆变器的输出功率应保持稳定，运行功率等级允许±5%的偏差。

（2）在被测逆变器出口侧测量各相的直流分量，按每个时间窗 T_w 测量一次直流分量作为输出，取 5min 内所有输出结果的平均值。

（3）以 66%和 100%的额定功率分别运行被测逆变器，重复步骤（1）和（2）。

7.4 故障穿越

7.4.1 基本要求

A 类逆变器应具备低电压穿越能力和高电压穿越能力。

【解读】在电力系统的运行过程中，经常会发生各种类型的故障，其中大多数是短路故障（简称短路）。短路，是指电力系统正常运行情况以外的相与相之间或相与地（或中性线）之间的连接。在正常运行时，除中性点外，相与相或相与地之间是绝缘的。表 7-5 示出三相系统中短路的基本类型。电力系统的运行经验表明，单相短路接地占大多数。三相短路时三相回路依旧是对称的，故称为对称短路；其他几种短路均使三相回路不对称，故称为不对称短路。上述各种短路均是指在同一地点短路，实际上也可能是在不同地点同时发生短路，例如两相在不同地点接地短路。

表 7-5　三相系统中短路的基本类型

短路类型	示意图
三相短路	

短路类型	示意图
两相短路	
单相短路接地	
两相短路接地	

　　产生短路的原因是电气设备载流部分的相间绝缘或相对地绝缘被损坏。例如，架空输电线的绝缘子可能由于受到过电压（如由雷电引起）而发生闪络，或由于空气的污染使绝缘子表面在正常工作电压下放电；其他电气设备，发电机、变压器、电缆线路等的载流部分的绝缘材料在运行中损坏；鸟兽跨接在裸露的载流部分，以及大风或导线覆冰引起架空线路杆塔倒塌所造成的短路也是屡见不鲜的。此外，运行人员在线路检修后未拆除地线就加电压等误操作也会引起短路故障。电力系统的短路故障大多数发生在架空线路部分。总之，产生短路的原因既有客观的，也有主观的。

　　短路对电力系统的正常运行和电气设备有很大的危害。发生短路时，由于电源供电回路的阻抗减小以及突然短路时的暂态过程，使短路回路中的短路电流值大大增加，可能超过该回路的额定电流许多倍。短路点距发电机的电气距离越近（即阻抗越小），短路电流越大。例如，在发电机端发生短路时，流过发电机定子回路的短路电流最大瞬时值可达发电机额定电流的 10～15 倍，在大容量系统中短路电流可达几万甚至几十万安培，短路点的电弧有可能烧坏电气设备。短路电流通过电气设备中的导体时，其热效应会引起导体或其绝缘的损坏；另一方面，导体也会受到很大的电动力的冲击，致使导体变形，甚至损坏。

短路还会引起电网中电压降低，特别是靠近短路点处的电压下降得最多，结果可能使部分用户的供电受到破坏。电网电压的降低使由各母线供电的用电设备不能正常工作，例如作为系统中最主要的电力负荷异步电动机，其电磁转矩与外施电压的平方成正比，电压下降时电磁转矩将显著降低，使电动机转速减慢甚至完全停转，从而造成产品报废及设备损坏等严重后果。

系统中发生短路相当于改变了电网的结构，必然引起系统中功率分布的变化，则发电机输出功率也相应地变化。但是，常规的火电或水电同步发电机组的输入功率是由原动机的进汽量或进水量决定的，不可能立即发生相应变化，因而同步发电机的输入功率和输出功率不平衡，发电机的转速将变化，这就有可能引起并列运行的发电机失去同步，破坏系统的稳定，引起大片地区停电，这是短路造成的最严重的后果。

不对称接地短路所引起的不平衡电流产生的不平衡磁通，会在邻近的平行的通信线路内感应出相当大的感应电动势，造成对通信系统的干扰，甚至危及设备和人身的安全。

为了降低发生短路的概率，电力系统必须采取合理的防雷措施、降低过电压水平、采用合适的配电装置，以及加强对运行维护的管理。为了减少短路对电力系统的危害，可以采取限制短路电流的措施，加装大量继电保护装置等。

图 7-5 所示为一简单供电网在正常运行时和在不同地点（F_1 和 F_2）发生三相短路时各点电压变化的情况。折线 1 表示正常运行时各点电压的大致情况，折线 2 表示 F_1 点短路后的各点电压。母线 1 电压降至零。由于流过发电机和线路 L-1、L-2 的短路电流比正常电流大，而且几乎是纯感性电流，因此发电机内电抗压降增加、发电机端电压下降。同时，短路电流通过电抗器和 L-1 引起的电压降

也增加，以致配电所母线电压进一步下降。折线 3 表示短路发生在 F_2 点时的各点电压。

目前，减少短路对电力系统造成的危害的最主要措施是，迅速将发生短路的部分与系统其他部分隔离。例如，图 7-5 中 F_1 点短路后，可立即通过继电保护装置自动将 L-2 的断路器迅速断开，这样就将短路部分与系统分离，母线 2 的电压恢复正常，母线 2 所供负荷也恢复正常用电；母线 2 接入光伏电站并网电压也恢复正常（并网点电压变化过程如图 7-6 所示，t_1 时刻故障发生，t_2 时刻故障消除），若电站具备低电压穿越能力，则其能继续并网发电，保障发电商的售电权益；若不具备低电压穿越能力，则电站脱网，损失大量有功，对电力系统造成进一步的危害。大部分短路都是瞬时故障的。也就是说，当短路处和电源隔离后，故障处不再有短路电流流过，则该处可能迅速去游离，有可能重新恢复正常，因此现在广泛采取重合闸的措施。所谓重合闸，就是当短路发生后断路器迅速断开，使故障部分与系统隔离，经过一定时间再将断路器合上。对于暂时性故障，系统就因此恢复正常；母线 1 接入光伏电站并网电压也恢复正常（并网点电压变化过程类似图 7-6 所示，t_1 时刻故障发生，

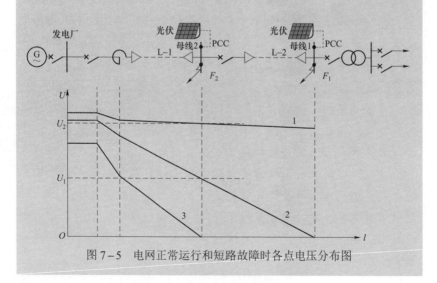

图 7-5　电网正常运行和短路故障时各点电压分布图

t_2 时刻重合成功，U_1 可能接近于 0），其能继续并网发电；如果是永久性故障，断路器合上后短路仍存在，则必须再次断开断路器，不再重合。

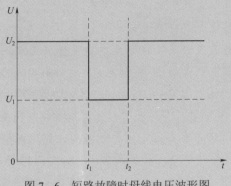

图7-6　短路故障时母线电压波形图

在新能源高渗透率电网中，如果新能源场站不具备故障穿越（低电压穿越和高电压穿越）能力，当电网发生故障或扰动时，新能源机组大量切除会导致电网产生巨大的功率缺额，引起潮流大幅变化，产生电压、频率失稳等问题，甚至会引起大面积的停电，乃至全网崩溃，将给国民经济带来不可估量的损失。在我国新能源发电起步阶段，由于新能源场站不具备低电压穿越能力而导致发生了多起大规模脱网事故，因此，国内外相关标准均提出了新能源场站低电压穿越能力的要求。但是，2012 年之后新能源场站脱网事故表明，不具备高电压穿越能力也是新能源机组脱网的主要原因之一。2012 年，华北地区某新能源场站电网发生三相短路时，具备低电压穿越能力的新能源机组成功"穿越"低电压，随后电网电压恢复过程中，由于电力系统内部无功补偿装置不具备快速自动投切功能，故障切除后未能及时调节或切除，造成局部电网无功过剩，电网发生了短时过电压故障，使得大量新能源机组因电网短时高压故障而切除，脱网机组数量甚至超过了此前低压故障中脱网的机组数量。此外，随着特高压直流的建设，高压直流输电线路发生直流闭锁时，电网也会发生高电压问题。

因此，本条规定：A 类逆变器用于大型集中式光伏发电站，应支撑电网稳定运行。当电网出现"电压暂降"或"电压暂升"时，在一定的故障范围和时间间隔内，逆变器应能够保证不脱网连续运行。

7.4.2　考核曲线

低电压穿越的考核曲线如图 8 所示。

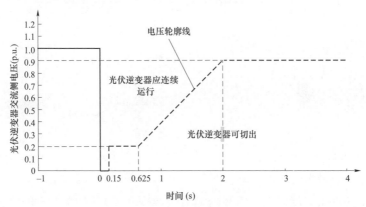

图 8　逆变器低电压穿越能力要求

高电压穿越的考核曲线如图 9 所示。

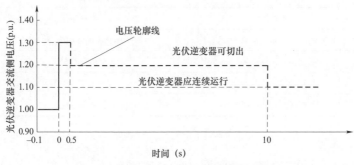

图 9　逆变器高电压穿越能力要求

【解读】考核曲线规定了在不同的电压异常工况下逆变器需要保持不脱网运行的时间，主要依据来源于我国电网输电线路上出现电压暂态故障时的持续时间。

早在 2008 年前后，德国、西班牙等新能源发电起步较早的国家就出台了新能源场站和机组故障穿越技术要求。各个国家电网架构的不同决定了具体指标要求的差异性，各国故障穿越要求见图 7-7。

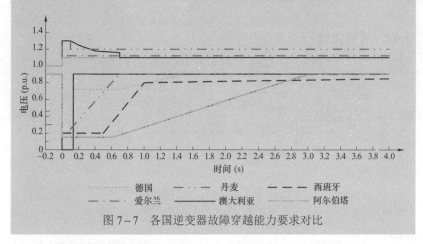

图 7-7 各国逆变器故障穿越能力要求对比

7.4.3 故障类型及考核电压

低电压穿越针对不同故障类型的考核电压见表 17，高电压穿越仅考核三相对称工况。

表 17 低电压穿越考核电压

故障类型	考核电压
三相对称短路故障	交流侧线/相电压
两相相间短路故障	交流侧线电压
两相接地短路故障	交流侧线/相电压
单相接地短路故障	交流侧相电压

【解读】因电网出现高电压故障均为三相同时发生，区别于低电压故障时可能发生的单相、相间或三相故障，因此高电压穿越仅考核三相对称工况。

7.4.4 有功功率

低电压穿越期间未脱网的逆变器，自故障清除时刻开始，以至少 30%额定功率/s 的功率变化率平滑地恢复至故障前的值。故障期间有功功率变化值小于 $10\%P_N$ 时，可不控制有功功率恢复速度。

高电压穿越期间未脱网的逆变器，其电网故障期间输出的有功功率应保持与故障前输出的有功功率相同，允许误差不应超过 $10\%P_N$。

【解读】 为了帮助故障恢复后电网功率快速恢复平衡，考虑逆变器自身发展水平，本标准要求低电压穿越故障恢复后有功功率的恢复速度增加到 30%额定功率/s。

电网高电压故障期间，如逆变器停止输出有功功率将造成线路空载运行，从而加剧线路电压的异常升高，危害电网安全稳定。因此本标准要求逆变器在高电压穿越期间输出的有功功率应保持不变。

1. 低电压穿越有功功率指标

（1）故障期间有功功率变化值（ΔP），为故障前的稳态有功功率平均值减去故障过程中的有功功率最小值，参照图 7-8，计算公式如下

$$\Delta P = P_0 - P_{min}$$

式中，P_0、P_{min} 的含义见图 7-8，若 ΔP 大于或等于 $10\%P_N$，则需要考核故障恢复后有功功率恢复速度，否则无须考核有功功率恢复速度。

（2）故障恢复后有功功率恢复速度为自并网点电压恢复到 90%额定电压至逆变器输出有功功率大于或等于 $0.9P_0$ 时段内有功功率的恢复速度，参照图 7-8，即为在 $t_{a1} \sim t_{a2}$ 时间段内有功功率的恢复速度，若在此时段内有功功率曲线全部在"30%额定功率/s 恢复曲线"之上，则故障恢复后有功功率恢复速度满足要求，否则不满足要求。

2. 高电压穿越有功功率指标

故障期间有功功率变化值（ΔP）为故障前稳态有功功率平均值减去故障过程中有功功率最小值和故障过程中有功功率最大值减去故障前稳态有功功率平均值二者取大，参照图 12，计算公式如下

$$\Delta P = \max\{(P_0 - P_{min}),(P_{max} - P_0)\}$$

式中，P_0、P_{min} 和 P_{max} 的含义见图 7-9，若 ΔP 小于或等于 $10\%P_N$，则有功功率变化值满足要求，否则不满足要求。

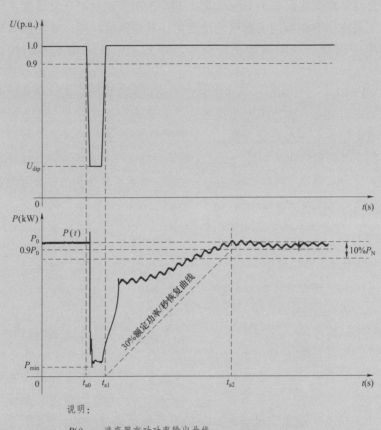

说明：

   $P(t)$——逆变器有功功率输出曲线；

   P_0——故障前逆变器输出有功功率平均值；

  P_{min}——故障过程中的逆变器输出有功功率最小值；

   t_{a0}——并网点电压跌落到90%额定电压的时刻；

   t_{a1}——并网点电压恢复到90%额定电压的时刻；

   t_{a2}——逆变器输出有功功率持续大于或等于$0.9P_0$的起始时刻；

 U_{dip}——并网点电压的跌落深度。

图7-8　低电压穿越期间有功指标解析图

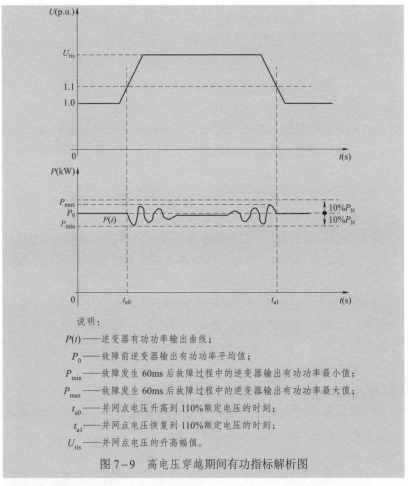

说明：

$P(t)$——逆变器有功功率输出曲线；

P_0——故障前逆变器输出有功功率平均值；

$P_{\min}$——故障发生60ms后故障过程中的逆变器输出有功功率最小值；

$P_{\max}$——故障发生60ms后故障过程中的逆变器输出有功功率最大值；

t_{a0}——并网点电压升高到110%额定电压的时刻；

t_{a1}——并网点电压恢复到110%额定电压的时刻；

U_{ris}——并网点电压的升高幅值。

图7-9 高电压穿越期间有功指标解析图

7.4.5 动态无功能力

故障期间逆变器动态无功能力应满足下列要求：

a) 自逆变器交流侧电压异常时刻起（$U_T < 0.9$ 或 $U_T > 1.1$），动态无功电流的响应时间不大于 60ms，最大超调量不大于 20%，调节时间不大于 150ms；

b) 自动态无功电流响应起直到电压恢复至正常范围（$0.9 \leqslant U_T \leqslant 1.1$）期间，逆变器输出的动态无功电流 I_T 应实时跟踪并网点电压变化，并应满足式（2）：

$$\begin{cases} I_{\mathrm{T}} = K_1 \times (0.9 - U_{\mathrm{T}}) \times I_{\mathrm{N}} & (U_{\mathrm{T}} < 0.9) \\ I_{\mathrm{T}} = K_2 \times (1.1 - U_{\mathrm{T}}) \times I_{\mathrm{N}} & (U_{\mathrm{T}} > 1.1) \end{cases} \qquad (2)$$

式中：

I_{T}——逆变器输出动态无功电流有效值，数值为正代表输出感性无功，数值为负代表输出容性无功；

K_1、K_2——逆变器输出动态无功电流与电压变化比例值，K_1 和 K_2 应可设置，K_1 取值范围应为 1.5～2.5，K_2 取值范围应为 0～1.5；

U_{T}——逆变器交流侧实际电压与额定电压的比值；

I_{N}——逆变器交流侧额定输出电流值。

c) 对称故障时，动态无功电流的最大有效值不宜超过 $1.05I_{\mathrm{N}}$；不对称故障时，动态无功电流的最大有效值不宜超过 $0.4I_{\mathrm{N}}$；

d) 动态无功电流控制误差不应大于 $\pm 5\%I_{\mathrm{N}}$。

【解读】为了帮助电网将电压恢复到正常范围内，低电压穿越期间逆变器应发出动态感性无功功率（动态无功电流指电网故障期间附加的额外无功电流），高电压穿越期间逆变器应吸收动态感性无功功率。动态无功电流与电压偏离正常范围的比例值应可设以适应不同电网结构的要求。

非对称故障工况时，逆变器应考虑输出无功功率造成非故障相电压升高，因此非故障工况动态无功电流限值为 $0.4I_{\mathrm{N}}$（三相对称故障为 $1.05I_{\mathrm{N}}$）。

当电网发生故障时，U_{T} 为逆变器并网点电压正序分量标幺值。

➤ 低电压穿越动态无功能力指标

（1）无功电流响应时间（t_{res}），为并网点电压低于 90% 额定电压开始，至逆变器无功电流输出持续大于 $90\%I_{\mathrm{T}}$ 所需时间，参照图 7–10，计算公式如下

$$t_{\mathrm{res}} = t_{\mathrm{r1}} - t_0$$

式中，t_{r1}、t_0 的含义见图 7–10，若 t_{res} 小于或等于 60ms 则无功电流响应时间满足要求，否则不满足要求。

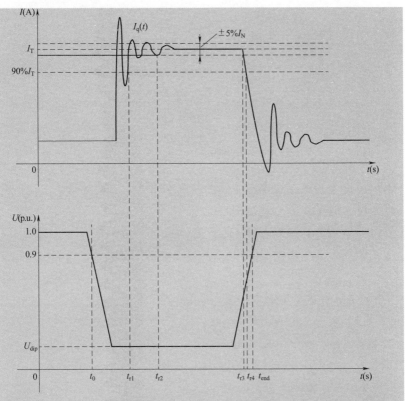

说明：

I_T——动态无功电流参考值；

$I_q(t)$——逆变器无功电流输出曲线；

t_0——电压跌落开始时刻，为并网点电压低于90%额定电压的时刻；

t_{r1}——电压跌落期间逆变器无功电流输出持续大于90% I_T 的起始时刻；

t_{r2}——电压跌落期间逆变器无功电流输出持续控制在参考值 $I_T \pm 5\% I_N$ 范围内的起始时刻；

t_{r3}——电压跌落期间逆变器无功电流输出持续控制在参考值 $I_T \pm 5\% I_N$ 范围内的结束时刻；

t_{r4}——电压跌落期间逆变器无功电流输出持续大于90% I_T 的结束时刻；

t_{end}——电压跌落结束时刻，为并网点电压恢复到90%额定电压的时刻。

图7-10　低中压穿越期间无功指标解析图

（2）无功电流调节时间（t_{reg}），为并网点电压低于90%额定电压开始，至逆变器无功电流输出持续控制在参考值 $I_T \pm 5\% I_N$ 范围内所需时间，参照图7-10，计算公式如下

$$t_{reg} = t_{r2} - t_0$$

式中，t_{r2}、t_0 的含义见图 7－10，若 t_{reg} 小于或等于 150ms 则无功电流调节时间满足要求，否则不满足要求。当并网点电压小于 20%额定电压时，不考核此项指标。

（3）无功电流持续时间（t_{last}），为逆变器无功电流输出持续大于 90%I_T 的时长，参照图 7－10，计算公式如下

$$t_{last} = t_{r4} - t_{r1}$$

式中，t_{r1}、t_{r4} 的含义见图 7－10，该项指标对应于标准中"逆变器输出的动态无功电流应实时跟踪并网点电压变化"的要求，t_{last} 于 t_{res} 之和应于电压跌落持续时间相适应。

（4）无功电流最大值（I_{qmax}），为电压跌落期间逆变器输出无功电流的最大值，参照图 7－10，计算公式如下

$$I_{qmax} = \max\{I_q(t)\}$$

式中，$I_q(t)$ 的含义见图 7－10，该项指标无考核。

（5）无功电流最大超调量（I_{qover}），为无功电流最大值和参考值之差与无功电流参考值之比，参照图 7－10，计算公式如下

$$I_{qover} = (I_{qmax} - I_T)/I_T$$

式中，I_T 的含义见图 7－10，若 I_{qover} 小于或等于 20%则无功电流最大超调量满足要求，否则不满足要求。

（6）无功电流注入有效值（I_q），为逆变器无功电流输出持续大于 90%I_T 的时段内的无功电流平均值，参照图 7－10，计算公式如下

$$I_q = \frac{\int_{t_{r1}}^{t_{r4}} I_q(t)\mathrm{d}t}{t_{r4} - t_{r1}}$$

式中，t_{r4} 的含义见图 7－10，该项指标无考核。

（7）无功电流控制误差（E），为逆变器无功电流输出持续控制在参考值 $I_T \pm 5\%I_N$ 范围内的无功电流平均值与逆变器额定电流 I_N 之比，参照图 7－10，计算公式如下

$$I_{qcr} = \frac{\int_{t_{r2}}^{t_{r3}} I_q(t)\mathrm{d}t}{t_{r3} - t_{r2}}$$

$$E = (I_{qcr} - I_T)/I_N$$

式中，t_{r3} 的含义见图 7-10，若 E 在 ±5% 范围内则无功电流控制误差满足要求，否则不满足要求。

➤ 高电压穿越动态无功能力指标

（1）无功电流响应时间（t_{res}），为并网点电压高于 110% 额定电压开始，至逆变器无功电流输出持续小于 90%I_T 所需时间，参照图 7-11，计算公式如下

$$t_{res} = t_{r1} - t_0$$

式中，t_{r1}、t_0 的含义见图 7-11，若 t_{res} 小于或等于 60ms 则无功电流响应时间满足要求，否则不满足要求。

（2）无功电流调节时间（t_{reg}），为并网点电压高于 110% 额定电压开始，至逆变器无功电流输出持续控制在参考值 I_T±5%I_N 范围内所需时间，参照图 7-11，计算公式如下

$$t_{reg} = t_{r2} - t_0$$

式中，t_{r2}、t_0 的含义见图 7-11，若 t_{reg} 小于或等于 150ms 则无功电流调节时间满足要求，否则不满足要求。

（3）无功电流持续时间（t_{last}），为逆变器无功电流输出持续小于 90%I_T 的时长，参照图 7-11，计算公式如下

$$t_{last} = t_{r4} - t_{r1}$$

式中，t_{r1}、t_{r4} 的含义见图 7-11，该项指标对应于标准中"逆变器输出的动态无功电流应实时跟踪并网点电压变化"的要求，t_{last} 与 t_{res} 之和应与电压升高持续时间相适应。

（4）无功电流最小值（I_{qmin}），为电压升高期间逆变器输出无功电流的最小值，参照图 7-11，计算公式如下

$$I_{qmin} = \min\{I_q(t)\}$$

式中，$I_q(t)$ 的含义见图 7-11，该项指标无考核。

（5）无功电流最大超调量（I_{qover}），为无功电流最小值和参考值之差与无功电流参考值之比，参照图 7-11，计算公式如下

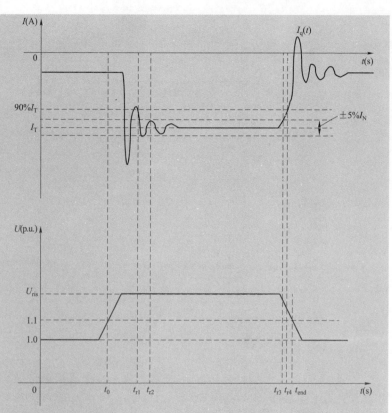

说明：

I_T——动态无功电流参考值；

$I_q(t)$——逆变器无功电流输出曲线；

t_0——电压升高开始时刻，为并网点电压高于110%额定电压的时刻；

t_{r1}——电压升高期间逆变器无功电流输出持续小于$90\%I_T$的起始时刻；

t_{r2}——电压升高期间逆变器无功电流输出持续控制在参考值$I_T\pm5\%I_N$范围内的起始时刻；

t_{r3}——电压升高期间逆变器无功电流输出持续控制在参考值$I_T\pm5\%I_N$范围内的结束时刻；

t_{r4}——电压升高期间逆变器无功电流输出持续小于$90\%I_T$的结束时刻；

t_{end}——电压升高结束时刻，并网点电压恢复到110%额定电压的时刻。

图 7-11　高电压穿越期间无功指标解析图

$$I_{qover} = abs(I_{qmin} - I_T)/I_T$$

式中，I_T的含义见图7-11，若I_{qover}小于或等于20%则无功电流最大超调量满足要求，否则不满足要求。

（6）无功电流注入有效值（I_q），为逆变器无功电流输出持续小于 $90\%I_T$ 的时段内的无功电流平均值，参照图 7-11，计算公式如下

$$I_q = \frac{\int_{t_{r1}}^{t_{r4}} I_q(t)\mathrm{d}t}{t_{r4} - t_{r1}}$$

式中，t_{r4} 的含义见图 7-11，该项指标无考核。

（7）无功电流控制误差（E），为逆变器无功电流输出持续控制在参考值 $I_T \pm 5\%I_N$ 范围内的无功电流平均值与逆变器额定电流 I_N 之比，参照图 7-11，计算公式如下

$$I_{qcr} = \frac{\int_{t_{r2}}^{t_{r3}} I_q(t)\mathrm{d}t}{t_{r3} - t_{r2}}$$

$$E = (I_{qcr} - I_T)/I_N$$

式中，t_{r3} 的含义见图 7-11，若 E 在 $\pm5\%$ 范围内则无功电流控制误差满足要求，否则不满足要求。

7.5 运行适应性

7.5.1 电压适应性

A 类逆变器在 0.9p.u.$\leqslant U \leqslant$1.1p.u.应能正常运行，B 类逆变器宜与 A 类光伏逆变器的要求相同。

【解读】电压适应性能力直接决定了光伏逆变器在电网电压波动时的表现，对在电压波动事件中"源网荷"之间的动态平衡能力以及电网的安全稳定运行有重大影响，设立该项指标对 A 类光伏逆变器和 B 类光伏逆变器都提出了明确的技术要求，即交流侧电压在 0.9p.u.$\leqslant U \leqslant$1.1p.u.范围内时，光伏逆变器需要保持正常运行，而当交流侧电压超过该范围后，光伏逆变器需要按照故障穿越（分低电压穿越和高电压穿越）的要求进行有效响应。

依据现行国家标准 GB/T 31464《电网运行准则》的要求，电源在并网前，并网点应满足一定的电网技术特性和运行适应性。同时，对可再生能源发电厂（场、站）提出了一定的并网技术条件。即要求光伏电站应满足 GB/T 19964《光伏发电站接入电力系统技术规

定》，且光伏发电站采用的所有逆变器均应通过电能质量、有功/无功功率调节能力、低电压穿越能力、电网适应性检测和电气模型验证。

根据现行的国家标准 GB/T 12325《电能质量 供电电压偏差》和 SD 325《电力系统电压和无功电力技术导则》的要求，35kV 及以上供电电压正、负偏差绝对值之和不超过额定电压的 10%。在电网电源和负荷出现波动，光伏逆变器交流侧电压在规定的电压范围内时，光伏逆变器需要保持正常运行状态。

随着分布式光伏发电系统接入装机容量的不断提升，对电网渗透率的不断提高，对于部分接入 10kV 电压等级的 B 类逆变器，也可能要求其具备故障穿越能力，故本标准对光伏逆变器是否配置过欠电压保护未做技术要求，相关功能由光伏逆变器使用的场合和电站业主自主决定。

7.5.2 频率适应性

A 类逆变器和 B 类逆变器应在表 18 所示的交流侧频率范围内按规定运行。

表 18 逆变器频率运行范围

频率范围	运行要求
$f < 46.5\text{Hz}$	根据逆变器允许运行的最低频率而定
$46.5\text{Hz} \leqslant f < 47.0\text{Hz}$	频率每次低于 47.0Hz，逆变器应能至少运行 5s
$47.0\text{Hz} \leqslant f < 47.5\text{Hz}$	频率每次低于 47.5Hz，逆变器应能至少运行 20s
$47.5\text{Hz} \leqslant f < 48.0\text{Hz}$	频率每次低于 48.0Hz，逆变器应能至少运行 1min
$48\text{Hz} \leqslant f < 48.5\text{Hz}$	频率每次低于 48.5Hz，逆变器应能至少运行 5min
$48.5\text{Hz} \leqslant f \leqslant 50.5\text{Hz}$	连续运行
$50.5\text{Hz} < f \leqslant 51.0\text{Hz}$	频率每次高于 50.5Hz，逆变器应能至少运行 3min
$51.0\text{Hz} < f \leqslant 51.5\text{Hz}$	频率每次高于 50.5Hz，逆变器应能至少运行 30s
$f > 51.5\text{Hz}$	根据逆变器允许运行的最高频率而定

【解读】频率适应性能力直接决定了光伏逆变器在电网频率波动时的表现，对在频率波动事件中"源网荷"之间的动态平衡能力以及电

96

网的安全稳定运行有重大影响，设立该项指标对 A 类光伏逆变器和 B 类光伏逆变器都提出了明确的技术要求，如表 19 所示。

依据现行国家标准 GB/T 31464《电网运行准则》的要求，电源在并网前，并网点应满足一定的电网技术特性和运行适应性。同时，对可再生能源发电厂（场、站）提出了一定的并网技术条件，即要求光伏电站应满足 GB/T 19964《光伏发电站接入电力系统技术规定》，且光伏发电站采用的所有逆变器均应通过电能质量、有功/无功功率调节能力、低电压穿越能力、电网适应性检测和电气模型验证。根据现行国家标准 GB/T 15945《电能质量 电力系统频率偏差》的要求，电力系统正常运行条件下频率偏差限值为 ±0.2Hz。当系统容量较小时，偏差限值可以放宽到 ±0.5Hz。

近年来，由于光伏发电装机容量的快速增长（截至 2019 年底，我国光伏装机容量占比超过 10%，而且电网中光伏发电的渗透率持续上升），截至 2019 年我国光伏发电渗透率已经高达 3.06%，西北和华东等集中式光伏和分布式光伏高装机比例地区则更高。以往的光伏逆变器标准规定逆变器连续运行的范围仅为 $-0.5 \sim +0.2$Hz，连续运行范围过窄。电网频率为 50.5Hz 时，要求逆变器应在 0.2s 范围内脱网。当高压直流输电线路发生直流故障造成的主网频率大幅度波动时，有可能引发光伏电站大规模脱网，这将进一步加剧电网的运行风险。全国各地已经发生多起因为电网频率震荡而引起的光伏电站大面积脱网事故。华东电网根据电网安全运行需要，发布了《华东区域电力安全生产委员会关于开展华东区域分布式光伏涉网频率专项核查整改工作的通知》，要求华东地区分布式光伏根据需要修改涉网频率定值。2015 年 3 月，国网西藏电力有限公司调控中心印发《国网西藏电力有限公司调控中心关于并网光伏电站整改工作的通知》，要求各光伏发电企业按照相关规定对光伏逆变器等设备完成整定涉网频率参数的整改。另外，光伏逆变器本身是静止元器件，自身频率适应性能力很强，甚至超过了传统的同步发电机组。因此，从电网实际需求和设备可行性多个角度全面考虑，本标准拓宽了频率适应性的范围。

根据各地电网的在运行中的实际频率波动情况，国家标准 GB/T 31464《电网运行准则》规定：在特殊情况下，系统频率在短时间内可能超过正常范围。按照电力行业标准 DL/T 970《大型汽轮发电机非正常和特殊运行及维护导则》的规定，发电厂和其他相关设备的设计应保证发电厂和其他相关设备运行特性满足在 $48.5\mathrm{Hz} \leqslant f \leqslant 50.5\mathrm{Hz}$ 范围能够连续运行。这就要求光伏逆变器在电网电源和负荷出现波动，光伏逆变器交流侧频率在 $48.5\mathrm{Hz} \leqslant f \leqslant 50.5\mathrm{Hz}$ 的电压范围内变化时，光伏逆变器需要保持正常运行状态。

7.5.3 电能质量适应性范围

当逆变器交流侧电压谐波值满足 GB/T 14549、三相电压不平衡度满足 GB/T 15543、电压间谐波值满足 GB/T 24337 的规定时，逆变器应能正常运行不脱网。

【解读】电能质量适应性能力决定了光伏逆变器在电网电压的谐波、不平衡度及间谐波等参数发生波动时的表现，对电网的安全稳定运行有一定影响。

依据现行国家标准 GB/T 31464《电网运行准则》的要求，电源在并网前，并网点应满足一定的电网技术特性和运行适应性。同时，对可再生能源发电厂（场、站）提出了一定的并网技术条件，即要求光伏电站应满足 GB/T 19964《光伏发电站接入电力系统技术规定》，且光伏发电站采用的所有逆变器均应通过电能质量、有功/无功功率调节能力、低电压穿越能力、电网适应性检测和电气模型验证。本项规定同样参照现行电能质量国家标准 GB/T 14549《电能质量公用电网谐波》、GB/T 15543《电能质量　三相电压不平衡》和 GB/T 24337《电能质量　公用电网间谐波》，要求在并网点相关参数满足上述标准规定的限值时，光伏逆变器应能够正常运行不脱网。

7.6 保护

7.6.1 防孤岛保护

防孤岛保护功能应满足下列要求：

——A 类逆变器可不具备防孤岛保护的能力。

——B 类逆变器应具备快速检测孤岛且立即断开与电网连接的

能力，防孤岛保护动作时间不大于 2s。

【解读】孤岛是指包含负荷和电源的部分电网，从主网脱离后继续孤立运行的状态；孤岛可分为非计划性孤岛和计划性孤岛。非计划性孤岛指的是非计划、不受控地发生孤岛。计划性孤岛指的是按预先配置的控制策略，有计划地发生孤岛。防孤岛是指防止非计划性孤岛现象的发生。

本条款设置的目的：① 光伏发电产生的孤岛效应会对整个配电系统设备及用户设备造成不利影响，这是由于光伏逆变器持续给本地负载供电可能会干扰电网的正常合闸过程，影响电网不能控制孤岛中的电压和频率，当电网重新恢复供电时，由于光伏逆变器与电网相位不同步而对并网产生冲击，重合闸出现大的冲击电流，导致配电系统及用户端设备损坏；② 分布式光伏发电系统的接入使得配电网由传统辐射式的单端网络变成了一个遍布电源和用户互联的多端网络，电力潮流也不再单向地从变电站母线流向各负荷，在计划停电检修区域内可能存在"孤岛"运行的分布式光伏发电系统，造成反送电，威胁检修人员人身安全。因此，防孤岛保护是光伏发电系统必备的保护功能。光伏发电系统可通过光伏逆变器或并网接口装置实现防孤岛保护。

对于并网电压等级满足 GB/T 19964 的光伏发电站，其电能通过远距离传输，因此没有本地负载，不具备形成孤岛效应的条件，因此 A 类逆变器可不具备防孤岛保护的能力。

目前，国内已发布的光伏逆变器标准中有相关技术要求：B 类逆变器，应具备快速监测孤岛且立即断开与电网连接的能力，防孤岛保护动作时间应不大于 2s 内，同时发出警示信号，且孤岛保护还应与电网侧线路保护相配合。

光伏逆变器防孤岛保护测试方法可按照 NB/T 32010《光伏发电站逆变器防孤岛效应检测技术规程》规定的检测方法进行检测。

国际上相关标准也对逆变器防孤岛保护能力提出了要求：① IEEE Std.1547 *Standard for Interconnecting Distributed Resources with Electric Power Systems* 中要求：非计划性孤岛产生时，通过公共

连接点向区域电力系统供电的分布式电源应在孤岛形成 2s 内检测到孤岛并停止向区域电力系统供电；② IEC 62116：2014 *Test procedure of islanding prevention measures for utility-interconnected photovoltaic inverter* 中要求：如果每种检测情况下记录得到的运行时间短于 2s 或符合当地规范要求，那么即认为被测设备符合防孤岛保护要求；③ 德国标准 VDE－AR－N 4105：2018 *Generators connected to the low-voltage distribution network–Technical requirements for the connection to and parallel operation with low-voltage distribution networks* 中 6.5.3 对小型光伏发电系统的要求为：逆变器应具有防孤岛效应保护功能。若逆变器并入的电网供电中断，逆变器应在 2s 内停止向电网供电，同时发出警示信号。

由于不同国家的电网结构和运行情况不同，光伏并网技术条件有所不同，国内外对光伏防孤岛保护能力的要求标准并不统一，主要体现在品质因素和孤岛保护响应时间两个方面。几种主要的防孤岛保护检测标准的技术指标见表 7－6。

表 7－6　防孤岛保护检测标准指标对比

检测标准	品质因数 Q_f	防孤岛保护响应时间 t（s）
VDE V 0126－1－1：2013－08 *Automatic disconnection device between a generator and the public lowvoltage grid*	2	<5
IEC 62116：2014 *Test procedure of islanding prevention measures for utility-interconnected photovoltaic inverter*	1	<2
VDE 4105：2018 *Generators connected to the low-voltage distribution network–Technical requirements for the connection to and parallel operation with low-voltage distribution networks*	2	<2
GB/T 29319—2012 《光伏发电系统接入配电网技术规定》	—	<2
GB/T 30152—2013《光伏发电系统接入配电网检测规程》	1	<2

7.6.2　恢复并网

——A 类逆变器因电压或频率异常保护后，是否自行恢复并网应可设置。

——B 类逆变器因电压或频率异常保护后，当电压和频率恢复正常后，逆变器应经过一个可调的延迟时间后方可恢复并网，延迟时间范围可采用 60s～300s，控制误差不应大于 2s。逆变器设置了启停机变化率时，恢复并网时应满足启停机变化率的要求。

【解读】本条款设置的目的：逆变器因电压或频率异常保护后，若恢复并网时间较长，会影响光伏系统的发电量；若立即快速恢复并网，会影响安全稳定运行，因此，需要根据逆变器种类对其恢复并网做出要求。

对于并网电压等级满足 GB/T 19964 的光伏发电站，其逆变器（A类）因电压或频率异常保护后，可否自行恢复并网，应根据当地网架结构，由当地电网机构决定。对于 B 类逆变器，在电网电压和频率恢复正常后，逆变器应经过一个可调的延迟时间后方可自动恢复并网，延迟时间的长短应由当地电网机构根据光伏发电在当地的占比率以及电网结构决定。

目前，国内已发布的光伏逆变器标准中有相关技术要求：B 类逆变器因电压或频率异常跳闸后，当电压和频率恢复正常后，光伏逆变器应经过一个可调的延迟时间后才能恢复并网，延迟时间范围可采用 20s～5min。若光伏逆变器设置了启停机变化率，则恢复并网时应满足启停机变化率的要求。

A 类逆变器因电压或频率异常跳闸后，是否自行恢复并网应根据当地电网要求决定。当不允许自行恢复并网时，逆变器恢复并网由光伏发电站的功率控制系统控制。

7.7　通信

逆变器可采用光缆、PLC 电力载波、以太网、无线等多种方式进行通信，通信内容应包括逆变器运行状态、故障告警等相关信息，应采用通用通信协议。

【解读】光伏发电站典型通信拓扑如图7-12所示，主要包括光伏发电站站内通信以及和主管部门通信。光伏发电站通信设计应符合 DL/T 544《电力系统通信管理规程》和 DL/T 598《电力系统通信自动交换网技术规范》的规定。中、小型光伏发电站可根据当地电网实际情况对通信设备进行适当简化。

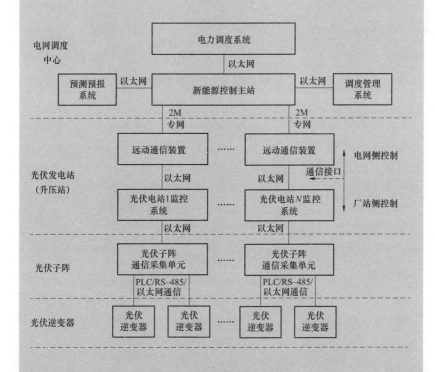

图7-12 光伏发电站典型通信拓扑图

光伏发电站站内通信典型拓扑如图7-13所示，包括光伏发电站监控系统与 AGC/AVC 通信、与各发电单元通信、各发电单元内部通信等。

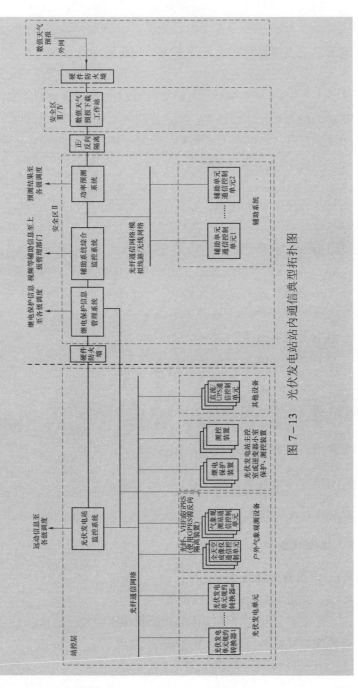

图 7-13 光伏发电站站内通信典型拓扑图

光伏发电站监控系统由间隔层和站控层两部分组成，站控层与间隔层宜直接连接，并用分布式、分层式和开放式网络系统实现连接。站控层与间隔层不具备直接连接条件的情况下，可通过规约转换设备连接。监控系统站控层应采用以太网通信，对于独立配置的辅助系统宜采用网络通信，通信协议宜采用 DL/T 860 通信协议；对于独立配置的功率预测系统宜采用网络通信，通信协议宜采用 DL/T 634.5104 通信协议。站控层和间隔层应采用以太网通信，通信协议宜采用 DL/T 860 通信协议，不能提供网络接口的间隔层设备，应采用规约转换器和站控层通信。

本条款规定了逆变器的通信方式，满足光伏发电站站内通信以及和主管部门通信的需要。电力载波通信（power line communication，PLC）是指利用现有电力线，通过载波方式将模拟或数字信号进行高速传输的技术，是电力系统特有的通信方式。该方式的最大特点是不需要重新架设网络，只要有电线，就能进行数据传递。以太网是一种基带局域网技术，以太网通信是一种使用同轴电缆作为网络媒体，采用载波多路访问和冲突检测机制的通信方式，数据传输速率达到 1Gbit/s，可满足非持续性网络数据传输的需要。逆变器运行状态应至少包括直流侧电压和电流、交流侧电压和电流、交流侧有功功率和无功功率、开断信号、故障信号。

本条规定：逆变器可采用光缆、PLC 电力载波、以太网、无线等多种方式进行通信，通信内容应包括逆变器运行状态、故障告警等相关信息，应采用通用通信协议。

8 电磁兼容

8.1 电磁骚扰限值

8.1.1 交直流端口骚扰电压限值

A 类和 B 类逆变器交流端口骚扰电压限值分别见表 19 和表 20，直流端口骚扰电压限值分别见表 21 和表 22。

表19 A类逆变器交流端口骚扰电压限值

频率范围 MHz	额定功率≤20kVA		20kVA<额定功率≤75kVA		大功率系统或逆变器，额定功率>75kVA[a]	
	准峰值 dB（μV）	平均值 dB（μV）	准峰值 dB（μV）	平均值 dB（μV）	准峰值 dB（μV）	平均值 dB（μV）
0.15～0.5	79	66	100	90	130	120
0.5～5	73	60	86	76	125	115
5～30	73	60	90～73 随频率的对数线性减小	80～60 随频率的对数线性减小	115	105

注1：当逆变器连接到中性点不接地或经高阻抗接地的系统时，可应用额定功率大于75kVA 的限值。

注2：在频率过渡处采用较低的限值。

a 此列限值仅适用于安装在距居住环境大于30m 或与居住环境有建筑阻隔的逆变器。

表20 B类逆变器交流端口骚扰电压限值

频率范围 MHz	电压限值 dB（μV）	
	准峰值	平均值
0.15～0.5	66～56 随频率的对数线性减小	56～46 随频率的对数线性减小
0.5～5	56	46
5～30	60	50

注：在频率过渡处采用较低的限值。

表21 A类逆变器直流端口骚扰电压限值

频率范围 MHz	额定功率≤20kVA		20kVA<额定功率≤75kVA		额定功率>75kVA	
	准峰值 dB（μV）	平均值 dB（μV）	准峰值 dB（μV）	平均值 dB（μV）	准峰值 dB（μV）	平均值 dB（μV）
0.15～5	97～89	84～76	116～106	106～96	132～122	122～112
5～30	89	76	106～89	96～76	122～105	112～92

注：在频率过渡处采用较低的限值。

表 22　B 类逆变器直流端口骚扰电压限值

频率范围 MHz	准峰值 dB（μV）	平均值 dB（μV）
0.15～5	84～74 随频率的对数线性减小	74～64 随频率的对数线性减小
5～30	74	64

　　【解读】国内已发布的光伏逆变器标准中仅仅针对应用环境区分 A 类和 B 类，分别对应家用和非家用。在现如今更为复杂的电磁应用环境中，已经不足以对产品进行细化区分，因此在参考及对标国际主流标准（CISPR 11：2015 *Industrial，scientific and medical equipment-Radio-frequency disturbance characteristics Limits and methods of measurement* 及 IEC 62920：2017 *Photovoltaic power generating systems-EMS requirements and test methods for power conversion equipment*）的情况下，本标准对 A 类光伏逆变器按照额定功率等级及应用场景进行合理细化分类（分为 20kVA 以下、20～75kVA 以及 75kVA 以上），A 类光伏逆变器一般应用于接入 35kV 以上电压等级的大型光伏发电站，电磁环境相对独立，逆变器安装方式相对固化且周围环境、设备抗电磁干扰能力强，因此限值可适度放宽。

　　另外，国内已发布的光伏逆变器标准在电源端口骚扰项目中仅对交流端口进行约束，忽略了光伏应用中同样重要的直流 PV 口，直流口虽然没有连接入共用电源网络，但其电缆在一定暴露长度下可通过辐射的方式带来电磁环境危害。因此，对于 150kHz～30MHz 频段，对标国际主流标准 CISPR 11 及 IEC 62920 后，采用传导的测试方法进行考量，产品分类同交流端口要求一致，分为 A 类及 B 类，A 类光伏逆变器按照额定功率等级及应用场景进行细化分类为 20kVA 以下、20～75kVA 以及 75kVA 以上几类。另外，相对交流端口，直流端口基于其应用的特殊性，不接入公用网络同时走线一般也更短、更可控，因此直流端口在相同类别及功率等级下，测试限值均比交流端口的限值更高。

8.1.2 有线网络端口和信号/控制端口的共模传导骚扰限值

A 类和 B 类逆变器有线网络端口和线缆长度超过 30m 控制端口的共模传导骚扰限值分别见表 23 和表 24。

表 23 A 类逆变器的有线网络端口和信号/控制端口的共模传导骚扰限值

频率范围 MHz	准峰值 dB（μV）/dB（μA）	平均值 dB（μV）/dB（μA）
0.15～0.5	97～87/53～43 随频率的对数线性减小	84～74/40～30 随频率的对数线性减小
0.5～30	87/43	74/30

表 24 B 类逆变器的有线网络端口和信号/控制端口的共模传导骚扰限值

频率范围 MHz	准峰值 dB（μV）/dB（μA）	平均值 dB（μV）/dB（μA）
0.15～0.5	84～74/40～30 随频率的对数线性减小	74～64/30～20 随频率的对数线性减小
0.5～30	74/30	64/20

【解读】随着光伏逆变器的快速发展，尤其是电站级智能网联的应用，不同类型的通信及监控线缆逐渐在光伏领域大量使用，在带来快速响应及远端便捷维护服务的同时，也引入了该种类型线缆的电磁危害风险，国内已发布的光伏逆变器标准中并没有对该种线缆的电磁噪声发射测试要求，因此缺乏有效评估通信及监控线缆的方法，以及用以控制影响电磁环境风险的限值要求。

本标准的技术条款与国际主流逆变器产品的电磁兼容标准 IEC 62920:2017 *Photovoltaic power generating systems −EMS requirements and test methods for power conversion equipment* 保持统一，首先明确测试对象为有线网络口（应用场景为：接入公共网络，其电磁噪声通过传导的方式影响公用电磁环境）及长度超过 30m 的信号/控制端口（应用场景为：通过长线产生低频段 150～30MHz 的电磁辐射），增加逆变器有线网络端口和信号/控制端口的测试要求，同时规定了信号端口或控制端口对电磁环境的骚扰限值，进一步提升了光伏逆变器在真实应用场景下对电磁环境的保护要求，确保光伏行业及逆变器厂家维护良性的共用电磁环境（如无线电通信频段等）。

在引入测试要求的同时，针对不同应用环境，本标准同样根据逆变器的应用场景差异，将要求分为 A 类及 B 类，进一步细化不同场景下的应用要求。

8.1.3 辐射骚扰限值

A 类和 B 类逆变器的辐射骚扰限值分别见表 25 和表 26。

表 25 A 类逆变器的辐射骚扰限值

频率范围 MHz	10m 测量距离		3m 测量距离 [a]	
	额定功率 ≤20kVA	额定功率 >20kVA[b]	额定功率 ≤20kVA	额定功率 >20kVA
	准峰值 dB（μV/m）	准峰值 dB（μV/m）	准峰值 dB（μV/m）	准峰值 dB（μV/m）
30～230 230～1000	40 47	50 50	50 57	60 60

注：在过渡频率处采用较低的限值。

[a] 3m 测试距离只适用于圆柱体测试区域直径不超过 1.2m 且高不超过 1.5m 的小型设备。
[b] 该限值适用于第三方无线电通信设施距离大于 30m 的设备。当无法满足上述条件时，应使用额定功率≤20kVA 的限值要求。

表 26 B 类逆变器的辐射骚扰限值

频率范围 MHz	10m 测量距离	3m 测量距离 [a]
	准峰值 dB（μV/m）	准峰值 dB（μV/m）
30～230 230～1000	30 37	40 47

注：在过渡频率处采用较低的限值。

[a] 3m 测试距离只适用于圆柱体测试区域直径不超过 1.2m、高不超过 1.5m 的小型设备。

【解读】国内已发布的光伏逆变器标准中仅仅针对应用环境区分 A 类和 B 类，分别对应家用及非家用，在现如今更为复杂电磁应用环境中，已经不足以对产品进行细化区分，因此在参考及对标国际主流标准（CISPR 11：2015 *Industrial, scientific and medical equipment－Radio－frequency disturbance characteristics Limits and methods of measurement* 及 IEC 62920：2017 *Photovoltaic power generating systems－EMS requirements and test methods for power conversion equipment*）的情况下，本标准对 A 类光伏逆变器按照额定功率等级及应用场景进行合理细化分类（20kVA 以下、20～75kVA 以及 75kVA 以上），A 类逆变器一般应用于接入 35kV 以上电压等级的大型光伏发电站，电磁环境相对独立，逆变器安装方式相对固化且周围环境、设备抗电磁干扰能力强，因此限值可适度放宽。

8.2　抗扰度试验等级

8.2.1　静电放电抗扰度试验等级

静电放电抗扰度试验等级满足 GB/T 17626.2 中所规定的严酷度等级，满足如下要求：

——试验等级最低要求：3 级；

——性能判据应符合 GB/T 17799.2 性能判据 B 的要求。

【解读】静电放电抗扰度试验为电磁兼容抗扰度常规试验项目，如国际主流标准 IEC 62920：2017《*Photovoltaic power generating systems－EMS requirements and test methods for power conversion equipment*》中均有该项目的方法描述及规格要求，本标准与国内外行业产品电磁兼容标准均进行比较，该部分要求与同期及同类标准要求基本一致。

8.2.2　射频电磁场辐射抗扰度试验等级

射频电磁场辐射抗扰度试验等级满足 GB/T 17626.3 中所规定的严酷度等级，满足如下要求：

——试验等级最低要求：80MHz～1000MHz 3 级，1.4GHz～6GHz 2 级；

——性能判据应符合 GB/T 17799.2 性能判据 A 的要求。

【解读】射频电磁场辐射抗扰度试验为电磁兼容抗扰度常规试验项目，如国际主流标准 IEC 62920：2017 *Photovoltaic power generating systems－EMS requirements and test methods for power conversion equipment* 中均有该项目的方法描述及规格要求。

近年来，随着无线电技术的发展，无线电通信频谱范围已从早期主流的 1GHz 以下往高频趋势拓展，因此本标准与国际主流产品电磁兼容标准 IEC 62920：2017 保持统一，增加 1.4～6GHz 高频段的测试要求，增强逆变器在该频段电磁范围内的应用可靠性和运行稳定性。

8.2.3 电快速瞬变脉冲群抗扰度试验等级

电快速瞬变脉冲群抗扰度试验等级满足 GB/T 17626.4 中规定的严酷度等级，满足如下要求：

——试验等级最低要求：3 级；

——性能判据应符合 GB/T 17799.2 性能判据 B 的要求。

【解读】电快速瞬变脉冲群抗扰度试验为电磁兼容抗扰度常规试验项目，如国际主流标准 IEC 62920：2017 中均有该项目的方法描述及规格要求，本标准与国内外行业产品电磁兼容标准均进行比较，该部分要求与同期及同类标准要求基本一致。

8.2.4 浪涌（冲击）抗扰度试验等级

浪涌（冲击）抗扰度试验等级满足 GB/T 17626.5 中所规定的严酷度等级，满足如下要求：

——试验等级最低要求：3 级；

——性能判据应符合 GB/T 17799.2 性能判据 B 的要求。

【解读】浪涌（冲击）抗扰度试验为电磁兼容抗扰度常规试验项目，如国际主流标准 IEC 62920：2017 中均有该项目的方法描述及规格要求，本标准与国内外行业产品电磁兼容标准均进行比较，该部分要求与同期及同类标准要求基本一致。

8.2.5 射频场感应的传导骚扰抗扰度试验等级

射频场感应的传导骚扰抗扰度试验等级满足 GB/T 17626.6 中所规定的严酷度等级，满足如下要求：

——试验等级最低要求：3 级；

——性能判据应符合 GB/T 17799.2 性能判据 A 的要求。

【解读】射频场感应的传导骚扰抗扰度试验为电磁兼容抗扰度常

规试验项目，如国际主流标准 IEC 62920：2017 中均有该项目的方法描述及规格要求，本标准与国内外行业产品电磁兼容标准均进行比较，该部分要求与同期及同类标准要求基本一致。

8.2.6 工频磁场抗扰度试验等级

工频磁场抗扰度试验等级满足 GB/T 17626.8 中规定的严酷度等级，满足如下要求：

——试验等级最低要求：4 级；

——性能判据应符合 GB/T 17799.2 性能判据 B 的要求。

【解读】工频磁场扰抗扰度试验为电磁兼容抗扰度常规试验项目，如国际主流标准 IEC 62920：2017 中均有该项目的方法描述及规格要求。国内已发布的光伏逆变器标准中对家用及非家用光伏逆变器进行区分，因此在测试量级上有差异。为与前文中其他抗扰度试验项目保持一致，同时本着对行业产品要求不断提升的诉求，本标准对光伏逆变器的工频磁场抗扰度要求统一按照 4 级规格，不再区别应用环境，均以较严酷的规格进行要求，提升行业内光伏逆变器针对工频磁场的抗扰需求，同时大大增强了光伏逆变器在不同电磁环境下运行的稳定性。

9 标识与文档

【解读】标识和文档可为使用人员或维修人员提供必要的产品信息、使用方法和警告说明，指导其正确地安装、使用、维护或维修器具，避免发生危险。一方面，标识和文档的内容不应过于简略，不应缺少必要的内容；另一方面，标识和文档的阅读对象并非产品设计开发人员，应尽量避免晦涩难懂的表达或专业性过强的用语，造成用户阅读理解困难。

9.1 一般标识

9.1.1 基本要求

逆变器标识的图形符号应满足附录 A 的相关要求，随逆变器一起提供的文档中应包含所使用的图形符号的含义，逆变器标识应清晰可见。

【解读】产品外部标识通常包括铭牌、警告标签等，应粘贴在非可拆卸部分外表面显眼的位置，并保证安装后可见。除本标准规定的图形符号外，其他图形符号的使用通常参考 GB/T 16273.1—2008《设备用图形符号 第 1 部分：通用符号》（NEQ ISO 7000）、GB/T 5465.2—2008《电气设备用图形符号 第 2 部分：图形符号》（IDT IEC 60417）、ISO 3864 *Graphical symbols — Safety colours and safety signs — Part 1: Design principles for safety signs and safety markings* 等标准，并在说明书中提供相应的解释。

9.1.2 标识的耐久性

逆变器的标识在正常使用条件下应能保持清晰可辨。

【解读】本部分所要求的标识应清晰且持久耐用。在考虑标识的耐久性时，应考虑到正常使用的影响。例如，以涂漆或涂釉的方式制作的标识放在经常清洗的位置不认为是持久耐用的。参考部分 IEC 标准，如 IEC 60335-1 *Household and similar electrical appliances - Safety - Part 1: General requirements* 或 IEC 60950-1 *Information technology equipment - Safety - Part 1: General requirements* 等的做法，通过擦拭试验来检验是否合格。用蘸水的棉布擦拭 15s，再用蘸油的棉布擦拭 15s，试验后标识仍应清晰，标识牌不能轻易被取下且不应卷边。用于试验的油为脂肪族溶剂乙烷，按容积的最大芳烃含量为 0.1%，贝壳松脂丁醇值不超过 29，初始沸点约为 65℃，干涸点约为 69℃，密度约为 0.66kg/L。

目前，国内已发布的光伏逆变器标准中有相关技术要求，与本标准要求一致。

9.1.3 标识内容

逆变器标识应至少包含以下内容：

——逆变器制造商的名称或商标；

——逆变器的型号或名称；

——逆变器产地、批次或日期的序列号、代码或其他标识；

——输入电压、电压类型和最大连续输入电流；

——MPP 输入电压范围；

——输出电压范围、输出频率、每相最大连续输出电流；

——$\cos\varphi=1$、$\cos\varphi=0.95$ 和 $\cos\varphi=0.9$ 三种工况下的最大输出功率；

——功率因数范围；

——IP 防护等级。

【解读】本标准根据逆变器实际电站运行场景，明确典型无功补偿情况下的功率输出，增加了以下标识要求：

——MPP 输入电压范围；

——$\cos\varphi=1$、$\cos\varphi=0.95$ 和 $\cos\varphi=0.9$ 三种工况下的最大输出功率；

——功率因数范围。

上述参数信息通常在铭牌上体现，电气参数的单位采用国际单位制，如电压单位伏（V）、电流安（A）、功率单位瓦（W）等。如果元器件有标识，则不应使器具本身的标识产生歧义。只有在不产生歧义的前提下，才可以使用本标准规定以外的标志。

9.1.4 熔断器标识

熔断器的标识应满足下列要求：

a) 额定电流；

b) 熔断特性的相关参数（如延迟时间或分断容量等）；

c) 对于安装在可接触区域以外的熔断器或可接触区域内固定焊接的熔断器，可只标注一个明确的参考符号（例如 FU1、FU2 等），熔断器相关信息应在维修手册中说明。

【解读】熔断器是一种利用电流热效应和热效应导体热熔断来保护电路的器件，广泛应用于各种控制系统中，起保护电路的作用。当电路发生短路或严重过载时，其热效应导体能自动熔断，从而切断电路，保护导线和设备。

对于可更换的熔断器，应对必要的参数进行标示，避免由于更换的熔断器的电压规格、电流规格、熔断特性、分断能力不同而导致更换后的熔断器无法及时、安全切断电路，无法起到充分的保护作用，造成对设备和人员的危险。

标识仅在熔断器本体上体现是不允许的，因为一旦熔断器动作，熔断器本体上的标识将不再清晰可辨。

9.1.5　端子、连接和控制器标识

端子、连接和控制器的标识应满足下列要求：

a) 接线端子、连接器、控制器和指示器等应明确标注，标注方式应满足附录 A 的要求，位置不够时可用附录 A 中的第 9 个符号；

b) 用于信号传递、控制和通信的连接器的管脚无须逐个标注，只需标明整个连接器的用途；

c) 用于紧急制动装置的按钮和制动器，用于警示危险或需要紧急处理的指示灯，均应为红色；

d) 采用多种供电电压时应标记出厂时设置的电压，标识可采用纸质标签或其他非永久性材料。

【解读】本标准对接线端子、连接器、控制器和指示器等提出了明确标注的要求，仅空间不够时可采用标注符号"▯ⅰ"并在说明书中进行阐述。信号、通信等用途的连接器则无须标注管脚。

紧急制动装置的按钮和制动器，以及用于警示危险或需要紧急处理的指示灯要求为红色。关于安全信息的颜色规定，可参考 GB 2893—2008《安全色》：红色用于传递禁止、停止、危险或提示消防设备、设施的信息，黄色传递注意、警告的信息，绿色传递安全的提示性信息。

对于多种供电电压设备，当输入电压和设置电压不匹配时可能造成设备损坏等事故，因此出厂时需标清设置电压。

9.1.6　保护导体端子

保护接地的连接端子可选择以下任意一种方式进行标注：

——附录 A 中的第 7 个符号；

——字母"PE"；

——黄绿相间的颜色。

【解读】"地线"这一通用术语，通常可分为保护接地导体和保护连接导体。保护接地导体是指用于将设备中的电源保护接地端子同建筑设施接地点连接起来的建筑设施布线中或电源线中的导线。保护连接导体是指用来把电源保护接地端子同设备中为安全目的而

需要接地的部分连接起来的设备中的导线或设备中导电零部件的组合。

与保护接地导线连接的接线端子，应当标记符号⏚，亦可用字母"PE"替代；对保护连接导线的端子可以不标注，如要标注则使用符号⏚。这些符号不应标注在螺钉或接线时可能要拆卸的其他零件上。

一些常见的与接地相关的符号如下（摘自 GB/T 5465.2—2008《电气设备用图形符号　第2部分：图形符号》)：

【5017

接地

earth；ground

在不需要符号5018或5019的情况下，标识接地端子。

5018

功能性接地

functional earthing；functional grounding（US）

表示功能性接地端子，例如为避免设备发生故障而专门设计的一种接地系统。

5019

保护接地

protective earth；protective ground

标识在发生故障时防止电击的与外保护导体相连接的端子，或与保护接地电极相连接的端子。

5020

接地架；接机架

frame or chassis

标识连接机壳、机架的端子。

5020

等电位

equipotentiality

标识那些相互连接后使设备或系统的各部分达到相同电位的端子，这并不一定是接地电位，如局部互连线。

注：电位值可标在符号旁边。】

9.1.7 开关和断路器

开关和断路器的位置应明确标注。采用按钮开关时，应采用附录 A 中的第 10 和第 11 或第 16 和第 17 标注"闭合"与"断开"的位置。

【解读】本标准对按钮开关的"开""关"位置的符号要求为 | 和 ○、⊓ 和 □ 配对使用。

对于带有不同挡位的开关，应用数字、字母或其他视觉方式标明。如果用数字来标示挡位，则断开位置应该用数字"0"标示，对较大的输入、输出、风速等挡位，应用较大的数字标示。

一些常见的与开关相关的符号如下（摘自 GB/T 5465.2—2008《电气设备用图形符号　第 2 部分：图形符号》）：

【5007

通（电源）

"ON"（power）

表示已接通电源，必须标在电源开关或开关的位置，以及与安全有关的地方。

注1：本图形符号的含义取决于其取向。

注2：也可见符号5264。

5008

断（电源）

"OFF"（power）

表示已与电源断开，必须标在电源开关或开关位置，以及与安全有关的地方。

注：也可见符号5265。

5009

待机

stand – by

标识开关或开关位置，表示设备部分已接通处于待机状态。

注：也可见符号5266。

通/断（按一按）

"ON"/"OFF"（push-push）

标识与电源接通或断开，必须标在电源开关的位置，以及与安全有关的地方。"接通"或"断开"每个位置都是稳定位置。

通/断（按钮开关）

"ON"/"OFF"（push-button）

标识已与电源接通，必须标在电源开关或电源开关的位置上，以及与安全有关的地方。"断开"是稳定位置，只有当按下按钮时，才保持在"接通"位置。】

9.1.8 用于外部连接的出线盒

接线端子或接线盒内其他零部件的温度超过规定限值时，接线端子旁边应有明显标识，标识内容应为以下方式：

——端子连接电缆的最低额定温度和尺寸；

——使用附录 A 中的第 9 个符号。

【解读】本标准在标识部分明确提出明显标识的具体要求以避免遗漏，保证选用的外部连接线缆的温度额定值满足连接处的实际温度环境，避免绝缘损坏而引起安全问题。

9.2 警告标识

9.2.1 可见性和易辨性

警告标识在设备正常使用状态时应不可缺失且清晰可见。警告标识应标识在零部件之上或附近且容易辨认，最小尺寸满足下述要求：

a) 印刷符号高度应不小于 2.75mm；

b) 印刷文字高度应不小于 1.5mm，文字颜色与背景颜色应对比鲜明；

c) 铸造、压印或雕刻在材料上的符号或文字，字符高度应不小于 2.0mm，如果颜色与背景没有反差，字符凹入或浮起的高度应不小于 0.5mm。

【解读】警告标签除了需要满足一般标签的要求之外，对醒目度和辨识度也有一定的要求，因此本标准对字体大小、颜色等作出具体规定。

9.2.2 标识内容

9.2.2.1 不接地散热片和类似零部件

不接地散热片或其他零部件，应采用附录 A 第 13 个符号或其他等效符号进行标注，该标识应放在散热片上或其附近。

【解读】通常，Ⅰ类设备的可导电表面均应可靠连接到保护地。不接地的部分在基本绝缘失效时无法通过接地进行保护，因此需要用符号"⚠"进行安全提示。

9.2.2.2 灼热表面

逆变器的可接触部件表面温度超过规定限值时应标注附录 A 中第 14 个符号。

【解读】该条款与本标准 6.3 节温度限值中表 13 的内容前后一致。皮肤温度和升高温度的持续时间是发生皮肤烧伤的主要参数。实际上，当皮肤与热表面接触时，很难准确地测量皮肤的温度。因此，表 13 中的限值不代表皮肤温度。这些限值代表了在接触超过指定时间时会引起皮肤灼伤的表面温度，参考了 GB/T 34662—2017《电气设备可接触热表面的温度指南》和 IEC Guide 117：2010 *Electrotechnical equipment–Temperatures of touchable hot surfaces* 的规定。热源特性应考虑热源的温度、热容量和热导率以及可能的接触时间和接触面积。由于给定表面的热容量和热导率通常保持不变，因此对于典型的材料类型和接触时间，本标准统一给出℃为单位的限值。

目前国内已发布的光伏逆变器标准中有相关技术要求，与本标准要求一致。

9.2.2.3　冷却液

当逆变器冷却液温度可能超过 70℃时，应标注附录 A 中的第 15 个符号并确保安装后标识清晰可见。文档中应有关于冷却液烫伤的警告并采用如下任意一种方式说明：

a）　冷却系统只能由维修人员来维护；

b）　无须进入设备内部接触危险源就能进行处理时，安装说明书中应包含对冷却系统进行安全通风、排泄或其他处理的指导。

【解读】当前逆变器的散热主要采用自然冷却、强制风冷的方式，随着功率密度的提升，液冷方式也逐渐应用到逆变器上。当液冷的温度超过 70℃时，维修人员可能有被烫伤的风险，因此本标准提出警示标签的要求。

9.2.2.4　存储能量

对具有存储能量危险的储能元件，应标注附录 A 中第 21 个符号，符号旁边应标注电容器放电至安全电压或能量水平的时间。

【解读】逆变器中的储能元件一般为直流母线电容，由于直流电压可能高达 DC 1500V，电容容量亦较大，在断电后存储了大量的电能，即使特别设计放电回路，放电时间也可能高达十多分钟。因此，必须标示放电时间，防止维护人员在断电后立刻开盖维护而受到伤害。

危险能量的电压和电容量对应关系见表 7-7（出自 IEC/TS 61201：2007 *Use of conventional touch voltage limits - Application guide* 中表 A.2），其中电容量应为电容量额定值加规定的容差。

表7-7　易触及电容的限值（疼痛阈）

U V	C μF	U kV	C nF
70	42.4	1	8.0
78	10.0	2	4.0
80	3.8	5	1.6
90	1.2	10	0.8
100	0.58	20	0.4

U V	C μF	U kV	C nF
150	0.17	40	0.2
20	0.091	60	0.133
250	0.061		
300	0.041		
400	0.028		
500	0.018		
700	0.012		

9.2.2.5 风机防护罩

对可拆卸的风机防护罩，应在拆卸之前可见的地方标注警告标识，并给出安全维护指示（例如拆卸防护罩之前先断开电源等）。

【解读】参照 IEC 62368-1: 2018 *Audio/video, information and communication technology equipment – Part 1: Safety requirements* 中 8.2，风扇叶片产生的伤害程度与风扇叶片的转速 N 和系数 K 有关，见表 7-8。对于塑料风扇，当 $\dfrac{N}{15\,000}+\dfrac{K}{2400}\leqslant 1$ 时，不会引起疼痛或伤害；$\dfrac{N}{44\,000}+\dfrac{K}{7200}\leqslant 1$ 时不引起伤害但可能会疼痛；$\dfrac{N}{44\,000}+\dfrac{K}{7200}\leqslant 1$ 时可能引起伤害。对于金属或其他材料的风扇，当 $\dfrac{N}{15\,000}+\dfrac{K}{2400}\leqslant 1$ 时，不会引起疼痛或伤害；$\dfrac{N}{22\,000}+\dfrac{K}{3600}\leqslant 1$ 时不引起伤害但可能会疼痛；$\dfrac{N}{22\,000}+\dfrac{K}{3600}\leqslant 1$ 时可能引起伤害。系数 K 按公式 $K=6\times 10^{-7}\times mr^2N^2$ 确定，式中 m 为风扇组件中运动零部件（风扇叶片、转轴和转子）的质量（kg），r 为风扇叶片从电动机（转轴）中心线到可能被触及的外部区域末端的半径（mm），N 为风扇叶片的转速（r/min）。系数 K 的计算公式取自 UL 507 *Electric Fans*（基于滑铁卢大学对风扇电动机的研究）。

表 7-8 各种类别机械能量源的分级

分级	类别	MS1	MS2	MS3
1	锐边锐角	不引起疼痛或伤害[b]	不引起伤害[b]但可能会疼痛	可能会引起伤害[c]
2	运动零部件	不引起疼痛或伤害[b]	不引起伤害[b]但可能会疼痛	可能会引起伤害[c]
3a	塑料风扇叶[a]（见图 7-14）	$\dfrac{N}{15\,000}+\dfrac{K}{2400}\leqslant1$	$>$MS1，并且 $\dfrac{N}{44\,000}+\dfrac{K}{7200}\leqslant1$	$>$MS2
3b	塑料风扇叶[a]（见图 7-15）	$\dfrac{N}{15\,000}+\dfrac{K}{2400}\leqslant1$	$>$MS1，并且 $\dfrac{N}{22\,000}+\dfrac{K}{3600}\leqslant1$	$>$MS2
4	松脱的、爆炸的或内爆的零部件	不适用	不适用	见脚注 d
5	设备的质量	$\leqslant$7kg	$>$7kg～$\leqslant$25kg	$>$25kg
6	墙壁/天花板安装	质量$\leqslant$1kg 安装高度$\leqslant$2m[e] 的设备	质量$>$1kg 安装高度$\leqslant$2m[e] 的设备	安装高度$>$2m 的所有设备

[a] 系数 K 按照公式 $K=6\times10^{-7}\times mr^2N^2$ 确定，式中 m 为风扇组件中运动部件（风扇叶片、转轴和转子）的质量（kg），r 为风扇叶片从电动机（转轴）中心线到可能被触及的外部区域末端的半（mm），N 为风扇叶的转速（r/min）。
在最终产品中，风扇的最大工作电压可能与风扇的额定电压不同，应考虑这种差异。
[b] 短语"不引起伤害"是指不需要医生或医院进行急诊治疗。
[c] 短语"可能引起伤害"是指可能需要医生或医院进行急诊治疗。
[d] 下列设备结构件认为是 MS3 的示例：
——频面最大尺寸超过 160mm 的 CRT；
——冷态时压力超过 0.2MPa 或工作时压力超过 0.4MPa 的灯。
[e] 只有当制造商的安装说明书中说明该设备只适合安装在不大于 2m 的高度时，才允许使用此分级。

对于专业人员维护的风机，当叶片转动可能引起伤害时，需要给出警告提示，保证接触叶片前电动机已停止转动。

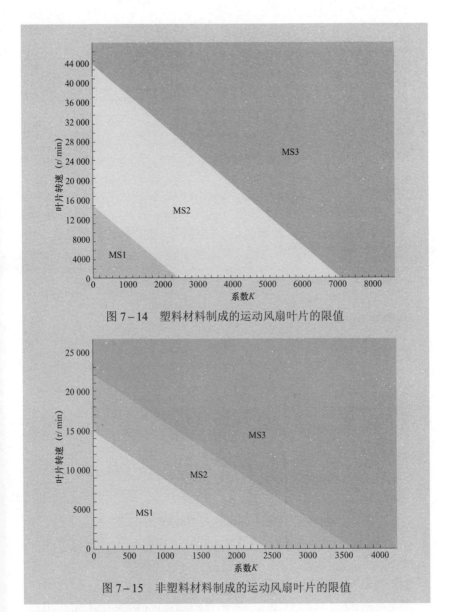

图 7-14 塑料材料制成的运动风扇叶片的限值

图 7-15 非塑料材料制成的运动风扇叶片的限值

9.2.3 噪声危害的标识和指示

标识和指示应满足下列要求：

a) 声压等级超过 80dB 的逆变器应标注噪声危害的标识；

b) 安装说明书中应包含降低噪声措施的正确安装方法。

【解读】本条款的要求是为了防止维护人员因长期暴露于高声压级而导致听力损失。根据 GBZ/T 229.4—2012《工作场所职业病危害作业分级 第 4 部分：噪声》的要求，存在有损听力、有害健康或有其他危害的声音，且 8h/天或 40h/周噪声暴露 A 等效声级≥80dB 的作业称之为噪声作业。因此，本条规定当声压级大于80dB 时必须进行噪声危害的提示，人员作业时需要配备耳塞等个人防护用品，或采取降低噪声的措施。

9.2.4 多电源连接

逆变器应标注附录 A 中的第 13 个符号，该符号的放置位置应明显可见。

【解读】该条款与 IEC 62109 中 5.2.4 保持一致。

存在多个电源时，在正常或单个故障条件下，不应存在本标准所指的危险。需要考虑的危险类型的例子有：

——防止反向馈电：防止 PCE 或其一个电源中可用的电压、电流或能量直接或通过泄漏路径反馈到另一个电源的任何输入端子，而这会导致危险；

——如果同时连接多个电源，则接触电流水平可能更高；

——由于来自另一电源的能量而损坏一个或多个连接电源而造成的危险。

因此，逆变器应提供指示存在多个来源的信息供应和断开连接程序。

【5.2.4 Equipment with multiple sources of supply

A PCE with connections for multiple energy sources shall be marked with symbol 13 of Annex C and the manual shall contain the information required in5.3.4.

The symbol shall be located on the outside of the unit or shall be prominently visible behind any cover giving access to hazardous parts.

Compliance is checked by inspection.】

9.2.5　接触电流超限

逆变器上应标注附录 A 中的第 15 个符号。

【解读】对于通过人体的给定的电流通路而言，对人的危险主要取决于电流的数值和通电时间，具体内容参考 GB/T 13870.1—2008《电流对人和家畜的效应　第 1 部分：通用要求》。接触电流表征了接触设备的可触及零部件时，流过身体的电流，数值过大会对人体造成伤害。因此，本标准要求粘贴警告标签并采取条款 6.1.6.1 e）的保护措施。

9.3　文档

9.3.1　基本要求

与逆变器一起提供的文档应包含逆变器操作、安装和维护（如适用）的相关信息。文档应包含 9.1 的要求并包含以下内容：

a)　解释设备上的标识，包括所用的符号。

b)　端子和控制器的位置和功能。

c)　逆变器的额定参数，包括以下环境参数，并解释其含义及影响：

——环境分类；

——潮湿场所分类；

——预置外部环境的污染等级；

——额定 IP 防护等级；

——额定环境温度和相对湿度；

——最大海拔高度；

——输入输出端口的过电压分类。

d)　光伏阵列受到光照后会向逆变器提供直流电压的警告。

【解读】本标准增加最大海拔高度的参数技术要求。逆变器安装位置超过限定最大海拔高度以后会降额运行，影响发电量。随着海拔高度的增加，大气的压力下降，空气密度和湿度相应地减少，其特征为：① 空气压力或空气密度较低；② 空气温度较低，温度变化较大；③ 空气绝对湿度较小；④ 太阳辐射照度较高；⑤ 降水量较少；⑥ 年大风日多；⑦ 土壤温度较低，且冻结期长。

这些特征对电工产品性能有以下四大影响规律，具体如下：

1. 空气压力或空气密度降低的影响

（1）对绝缘介质强度的影响。空气压力或空气密度的降低，引起外绝缘强度的降低。在海拔 5000m 范围内，每升高 1000m，即平均气压每降低 7.7~10.5kPa，外绝缘强度降低 8%~13%。

（2）对电气间隙击穿电压的影响。对于设计定型的产品，由于其电气间隙已经固定，随空气压力的降低，其击穿电压也下降。为了保证产品在高原环境使用时有足够的耐击穿能力，必须增大电气间隙，高原用电工产品的电气间隙可按表 7-9 进行修正。

表 7-9　高原用电工产品的电气间隙修正系数

使用地点的海拔（m）		0	1000	2000	3000	4000	5000
相应大气气压（kPa）		101.3	90.0	79.5	70.1	61.7	54.0
电气间隙修正系数	以零海拔为基准	1.00	1.13	1.27	1.45	1.64	1.88
	以 1000m 海拔为基准	0.89	1.00	1.13	1.28	1.46	1.67
	以 2000m 海拔为基准	0.78	0.88	1.00	1.13	1.29	1.47

（3）对电晕及放电电压的影响：

1）高海拔低气压使高压电动机的局部放电起始电压降低，电晕起始电压降低，电晕腐蚀严重；

2）高海拔低气压使电力电容器内部气压下降，导致局部放电起始电压降低；

3）高海拔低气压使避雷器内腔电压降低，导致工频放电电压降低。

（4）对开关电器灭弧性能的影响。空气压力或空气密度的降低使空气介质灭弧的开关电器灭弧性能降低，通断能力下降和电寿命缩短。直流电弧的燃弧时间随海拔升高或气压降低而延长；直流与交流电弧的飞弧距离随海拔升高或气压降低而增加。

（5）对介质冷却效应，即产品温升的影响。空气压力或空气密度的降低引起空气介质冷却效应的降低。对于以自然对流、强迫通风或空气散热器为主要散热方式的电气产品，由于散热能力的下降，温升增加。在海拔 5000m 范围内时，每升高 1000m，即平均气压每降低 7.7~10.5kPa，温升增加 3%~10%。

1) 静止电器的温升随海拔升高的增高率，每 100m 一般在 0.4K 以内，但对高发热电器，如电炉、电阻器、电焊机等电器，温升随海拔升高的增高率，每 100m 达到 2K 以上。

2) 电力变压器温升随海拔的增高与冷却方式有关，其增加率每 100m 为：油浸自冷，额定温升的 0.4%；干式自冷，额定温升的 0.5%；油浸强迫风冷，额定温升的 0.6%；干式强迫风冷，额定温升的 1.0%。

3) 电动机的温升随海拔升高的增高率每 100m 为额定温升的 1%。

（6）对产品机械结构和密封的影响：

1) 引起低密度、低浓度、多孔性材料（如电工绝缘材料、隔热材料等）的物理和化学性质的变化。

2) 润滑剂的蒸发及塑料制品中增塑剂的挥发加速。

3) 由于内外压力差的增大，气体或液体易从密封容器中泄漏或泄漏率增大，有密封要求的电工产品，间接影响到电气性能。

4) 引起受压容器所承受压力的变化，导致受压容器容易破裂。

2. 空气温度降低及温度变化（包括日温差）增大的影响

（1）高原环境空气温度对产品温升的补偿。平均空气温度和最高空气温度均随海拔升高而降低，电工绝缘材料的热老化寿命决定于平均空气温度。高原环境空气温度的降低可以部分或全部补偿因气压降低而引起电工产品运行中温升的增加。环境空气温度的补偿值为 0.5K/hm。

（2）日温差或温度变化对产品结构的影响。高原空气温度的日温差大。较大的温度变化使产品外壳容易变形、龟裂，密封结构容易破裂。

3. 空气绝对湿度减小的影响

平均绝对湿度随海拔升高而降低。绝对湿度降低时，电气产品的外绝缘强度降低，因此要考虑工频放电电压与冲击闪络电压的湿度修正。

湿度修正以零海拔时的平均绝对湿度：$11g/m^3$ 为基准，具体修正按照 GB 311.2 中有关规定执行。

4. 太阳辐射照度，包括紫外线辐射照度增加的影响

（1）高原热辐射增加的影响。海拔 5000m 时最大太阳辐射度为低海拔时相应值的 1.25 倍，热辐射对物体起加热作用。对于户外用电工产品，太阳热辐射的增加引起较大的表面附加温升，降低有机绝缘材料的材质性能，使材料变形，产生机械热应力等影响。

（2）高原紫外线辐射增加的影响。紫外线辐射照度随海拔升高的增加率比太阳总辐射照度的增加率大得多，海拔 3000m 时达到低海拔时相应值的 2 倍。紫外线引起有机绝缘材料的加速老化，使空气容易电离而导致外绝缘强度和电晕起始电压降低。

从上述四大影响看出，逆变器使用在高原环境上的设计应降低这些影响，提高绝缘配合，同时增大电气间隙，在选择材料上和器件上综合考虑，从结构设计和选择高原型器件入手，解决相关技术问题。

9.3.2 格式

文档可采用纸质文档或电子文档。

【解读】允许纸质文档或电子文档。纸质资料生产成本高，不环保且容易丢失，与新能源的环保理念不符。随着科技的发展，用户可以通过多种方式随时获得电子件，例如 App、扫一扫、网站等，既符合无纸化的环保趋势，又能实时获取最新资料。

9.3.3 安装说明

文档要包括安装与调试说明，对于安装和调试过程中可能产生的危险，应给出警示。

【解读】厂家应按照不同类型逆变器的特点提供相应的说明，详细说明安装和调试步骤以及注意事项，避免此过程中对安装和调试人员产生危险，并保证产品被正确可靠地安装，避免使用危险。

9.3.4 操作说明书

操作说明书应包括所有保证安全操作的必要信息并包含以下内容：

a) 控制器的设置、调整方法以及调整效果的说明；

b) 连接附件和其他设备的说明，并明确适用的附件、可拆卸零部件和专用材料；

c) 表面温度允许超过限值的可能导致烫伤危险的警告，以及要求操作者采取的降低风险的措施；

d) 逆变器没有按照规定的方式使用时其保护措施可能失效的说明；

e) 运动部件操作的技术要求。

【解读】本标准针对运动部件操作提出了技术要求，以避免操作时运动部件对操作人员造成机械伤害。逆变器安装、操作过程可能会用到起重机等运动部件，需明确技术要求，保证人员安全。

9.3.5 维护说明书

维护说明书包括以下信息：

a) 定期维护的周期和说明；

b) 进入操作者接触区的说明，包括不要进入设备其他区域的警告；

c) 零部件的编号和说明；

d) 安全的清洁方式；

e) 开关设备断开次序。

【解读】定期维护除了考虑安全外，还应保证设备发电量等因素。

10 包装、运输和储存

10.1 包装方式

逆变器包装方式应满足如下要求：

a) 逆变器的包装方式与防护包装方法、包装相关技术要求应符合 GB/T 13384 的规定；

b) 包装上应有储运标志和警示标志，标识应满足 GB/T 191 的规定；

c) 对于 50kg 以上的逆变器，宜给出重心的标识。

【解读】本标准参考 GB/T 191，规定了包装标识的名称、图形、尺寸、颜色及使用方法。参考 GB/T 13384 中规定，逆变器产品的包装要求如下：

1. 基本要求

包装应符合科学、经济、牢固、美观和适销的要求。在流通环境下，应保证产品在供需双方协议期内不因包装不善而产生锈蚀、霉变、降低精度，残损或散失等现象。

包装设计应根据产品特点、流通环境条件和客户要求进行，做到包装紧凑、防护合理、安全可靠。

产品需经检验合格，做好防护处理，方可进行内外包装。随机文件应齐全。

包装件外形尺寸和质量应符合国内外运输方面有关超限、超重的规定。

产品包装环境应清洁、干燥，无有害介质。

2. 包装方式与防护包装方法

逆变器主要有瓦楞纸箱和木箱的包装方式。

防护包装方法主要有防水包装、防潮包装、防霉包装、防锈包装、缓冲包装、防尘包装盒防静电包装等。应根据产品特点和储运、装卸条件，选用适当的防护包装方法。

3. 技术要求

明确了逆变器包装材料（木材、瓦楞纸板等）、箱装、敞开包装应符合的规定。

4. 试验方法

根据逆变器包装件本身特点和要求，以及实际流通环境条件，适当选做 GB/T 4857 中有关项目的试验（包括环境预处理、静压、振动、冲击、跌落等测试项）。

10.2 运输

逆变器在运输过程中不应有剧烈的震动、冲击和倒放，运输的环境条件等级应符合 GB/T 4798.2 的要求。逆变器在运输过程中应满足下列要求：

 a) 包装使用的纸箱的搬运部位、封口和支撑部位不应破损；

 b) 包装使用的木箱应无外观断裂或部位缺失；

 c) 包装使用的缓冲材料应无不可恢复严重变形或完全断裂脱落或部位损失；

 d) 逆变器应无人眼可见的凹坑、掉漆、划痕、擦伤、丝印脱落等问题；

 e) 逆变器使用的机械固定和连接处零部件不应产生松动、断裂或脱落等问题。

【解读】参考 GB/T 4798.2，对逆变器在陆运、水运和空运包括装卸过程中可能承受的环境参数进行分级，同时对逆变器在运输过程中，纸箱、木箱、缓冲材料、逆变器自身及零部件应达到的状态进行界定。具体分级参考如下：

【A3.1 K 气候环境条件

气候环境条件的 10 个等级说明如下：

2K1

包括有气候防护、有采暖和通风条件下的一般运输条件。高温条件限制在一般户外气候条件下。世界范围内的户外气候条件下的湿度条件并不比一般户外气候严酷，因此没有限制湿度条件。

产品不在冷的户外和温暖的户外之间移动。

产品可能通过窗户或者其他开孔受到太阳辐射。产品不靠近发热元件，不受溅水湿墙等的影响。

2K2

除包括 2K1 的条件外，2K2 还包括除寒冷和寒温以外的一般户外气候下的无采暖、有气候防护条件。该等级还包括在通风壳体内的运输。

产品可在采暖、加压的机舱进行运输。

2K3

除 2K2 包括的条件外，2K3 还包括除寒冷和寒温以外的一般户外气候下不通风的密封体内以及无气候防护条件下的运输。空运时仅包括在采暖和加压的机舱内运输。

产品可以在冷的户外和温暖的户内之间移动。产品可以直接受到太阳辐射、降水以及溅水的影响。

产品可以放到潮湿的地板上以及太阳辐射和降水影响的密封体内。户外暴露时不会受到海浪的冲击。产品可以放在热源附近。

2K4

除包括 2K3 的条件外，2K4 还包括寒温气候条件下的无气候防护运输。

2K4L

除防护条件 2K3 外，2K4L 还包括在海拔 3000～5000m 地面（不包括寒冷地区）的运输。

2K5

除包括 2K4 的条件外，2K5 还包括在世界范围内的不通风的密封体内以及无气候以内及无气候防护条件的运输，还包括在非加压机舱内的运输，产品在船只甲板上运输时可以受到海浪冲击的影响，产品还可以受清洁流水的影响。

2K5H

类似于 2K5，但低温条件跟 2K3 的等级一样。

2K5L

类似于 2K5，但高温条件跟 2K4 的等级一样。

2K6

2K6 代表了湿热和类湿热的户外气候（热带雨林地区的湿热气候类型）。

2K7

2K7 代表了干热、中等干热以及极干热气候的户外条件（赤道附近，如沙漠地区的赤道干燥气候）。】

10.3 储存

逆变器存储应满足下列条件：

a) 放置温度：−40℃～70℃；

b) 相对湿度：不大于95%的；

c) 空气流通、无腐蚀性气体的环境中；

d) 不应淋雨、曝晒以避免出现凝露和霜冻，不应受到强烈机械振动、冲击和强磁场作用。

【解读】参考 GB/T 4798.1，本标准对逆变器存储的温湿度等环境条件提出了明确的要求：

【A2.1 K 气候条件

气候环境条件的 16 个等级说明如下（气候分类参考 GB/T 4797.1）：

1K1

适用于全空调的封闭场所，连续不断地控制气候和温度达到一定的要求，某些存放精密仪器仪表，电子元器件的仓库属于本等级。

库存的产品可能会受到轻微的太阳辐射和空调系统的鼓风系统产生的空气运动影响，但不会受发热、辐射、凝露、除降雨外水、结冰等条件的影响。

1K2

除包括 1K1 的条件外，该等级适用于温度受控的场所，但不控制湿度。

当封闭的室内与室外的温差过大时，可采取采暖或降温的措施。

贮存的产品可能受太阳能辐射和热辐射的影响，也可能受建筑通风系统、开启的窗户、特殊的加工条件等引起的空气运动影响。这种贮存条件适用于较贵重或灵敏度较高的产品、半成品、元器件或材料。

1K3

除了 1K2 的条件外，该等级适用于无湿度温度控制的场所。

可用来采暖升温，特别是在该等级条件适用于无温度控制的封闭场所。

贮存的产品可受凝露、降雨以及结冰条件的影响，适用于普通的仓库，适合贮存一般耐寒和耐潮的电工电子产品。

1K3L

条件与 1K3 基本相同，唯一不同的是高温条件下 1K3 稍低，规定为 40℃。我国大部分地区一般条件仓库适用于本等级。

1K4、1K4L、1K5、1K6

除包括 1K3 的条件外，该等级适用于部分气候防护，直接与户外相通的场所。

这些气候条件等级会受建筑物结构及户外气候条件的影响很大。

贮存的产品可能受有限的吹风引起的降水影响，适用于无温度、无湿度控制的有气候防护场所，耐气候性良好的产品可在这种条件下贮存。

1K7、1K7H、1K8、1K8H、1K9、1K9I

除包括 1K4 的条件外，该等级适用于无气候防护、直接暴露在户外气候的场所。

1K7、1K7H 等级应用于户外气候"有限组"的环境条件，包括"暖温"气候区的露天库（见 GB/T 4797.1）。

1K8、1K8H 等级应用于户外气候"一般组"的环境条件，包括"寒温""干热""亚湿热"气候区的露天库。

1K9、1K9I 等级应用于户外气候"世界组"的环境条件，包括"寒冷""寒温""暖温""干热""亚湿热""湿热"气候区的露天库。

1K10

表示湿热的户外气候条件（热带潮热气候，热带雨林地区）。

1K11

表示干热、亚干热和极端干热的户外气候条件（热带干燥气候类型，如沙漠）。】

11 检测内容

11.1 逆变器的检测应包括型式试验、出厂试验和现场试验。

11.2 逆变器型式试验应按照 GB/T 37409 中规定的方法进行检测，检测项目见表27。

表 27 逆变器检测项目

序号	检测项目			型式试验	出厂试验	现场试验	技术要求
1	外观与结构检查			√	√	√	—
2	环境适应性	温度	低温工作测试	√			5.3
3			高温工作测试	√	√		5.3
4			恒定湿热存储测试	√			5.4
5		盐雾测试		√			5.1
6		防护等级测试		√			5.2
7	安全性能	电击防护	可触及性测试	√			6.1
8			保护连接测试	√			6.1
9			绝缘强度测试	√	√		6.1
10			局部放电测试	√			6.1
11			接触电流测试	√			6.1
12			脉冲电压测试	√			6.1
13		存储电荷放电测试		√			6.2
14		温升测试		√			6.3
15		机械防护	稳定性测试	√			6.4
16			搬运测试	√			6.4
17		短路保护测试		√			6.5
18		噪声测试		√			6.6
19		绝缘阻抗检测能力测试		√			6.7.1
20		残余电流检测能力测试		√			6.7.2
21	并网性能	有功功率	有功功率容量	√	√		7.1.1
22			给定值控制	√			7.1.2.1
23			启停机变化率控制	√			7.1.2.2
24			一次调频控制（如适用）	√			7.1.2.3
25		无功功率	无功功率容量	√			7.2.1
26			无功功率控制	√			7.2.2
27		电能质量		√		√	7.3

序号	检测项目			型式试验	出厂试验	现场试验	技术要求
28	故障穿越		低电压穿越	√			7.4
29			高电压穿越	√			7.4
30	并网性能	运行适应性	电压适应性	√			7.5.1
31			频率适应性	√			7.5.2
32			电能质量适应性	√			7.5.3
33		防孤岛保护		√			7.6.1
34		恢复并网		√	√		7.6.2
35	通信测试			√			7.7
36	电磁兼容性测试			√			第8章
37	效率	转换效率		√	√	√	—
38		静态 MPPT 效率		√			—
39		动态 MPPT 效率		√			—
40		加权效率		√			—
41	标识耐久性测试			√			第9章
42	包装、运输和储存测试			√			第10章

【解读】型式试验，对应国际标准中的 type test，是指由具备相关检测资质的检测机构或第三方检测机构验证逆变器能否满足技术要求的全部规定所进行的试验。检测一般采取抽样或者送样的检测原则。一般来说，同一批次的逆变器产品（使用同样的硬件配置和软件编号）只需抽取一台或多台设备进行测试，测试合格即可满足要求。

出厂试验，对应国际标准中的 prodution test，是指被测设备制造商自己或委托其他机构验证逆变器是否满足技术要求的某些规定所进行的试验。出厂试验一般选取逆变器在出厂过程中容易出现的薄弱环节进行测试，测试流程和测试设备较为简单，逆变器制造厂通常具备自行测试的能力。出厂试验是要求每个逆变器产品流入市场前必须进行的测试项目。

现场试验，对应国际标准中的 commissioning test，在被测设备真实运行工况下，业主自己或委托其他机构验证逆变器是否满足技术要求的某些规定所进行的试验。现场试验一般用于考核逆变器在电站现场运行一段时间后是否依旧满足标准要求。

配套的 GB/T 37409 中规定了表 27 中的检测项目及对应的检测方法。

附 录 A

（规范性附录）

设 备 标 识 符 号

逆变器的标识符号见表 A.1。

表 A.1 设 备 标 识 符 号

编号	符 号	描 述
1	$\equiv\equiv\equiv$	直流
2	$\sim$	交流
3	$\overline{\sim}$	交直流
4	3$\sim$	三相交流
5	3N$\sim$	三相交流带中线
6		接地
7		保护接地
8		框架或底座端子
9		详见操作说明书
10		开（电源）
11		关（电源）
12		通过双重绝缘或加强绝缘保护的设备
13		电击危险
14		灼热表面

编号	符号	描　　述
15	⚠	注意危险
16	⎍	按键开启
17	⎍	按键关闭
18	⊖→	输入端子或定额
19	⊖→	输出端子或定额
20	⊖→	双向端子或定额
21	⚡ ⟳	注意，电击危险，能量存储定时释放（放电时间标注在符号旁边）
22	🎧	噪声危险，佩戴听力保护装置

【解读】逆变器标识的图形符号应包括以上 22 个符号，随逆变器一起提供的文档中应包含所使用的图形符号的含义，逆变器标识应清晰可见。

附 录 B
（规范性附录）
不同高度电气间隙修正

B.1 电气间隙修正因子

2000m 以上海拔高度的电气间隙修正因子见表 B.1。

表 B.1　海拔高度在 2000m～20 000m 之间的电气间隙修正因子

海拔高度 m	标准大气压强 kPa	电气间隙的修正因子
2000	80.0	1.00
3000	70.0	1.14
4000	62.0	1.29
5000	54.0	1.48
6000	47.0	1.70
7000	41.0	1.95
8000	35.5	2.25
9000	30.5	2.62
10 000	26.5	3.02
15 000	12.0	6.67
20 000	5.5	14.50

B.2 电气间隙试验电压

不同海拔高度下电气间隙的试验电压见表 B.2。

表 B.2　检验不同海拔高度下电气间隙的试验电压

脉冲电压 kV	海平面的 冲击试验电压 kV	海拔高度 200m 的 冲击试验电压 kV	海拔高度 500m 的 冲击试验电压 kV
0.33	0.36	0.36	0.35
0.50	0.54	0.54	0.53

脉冲电压 kV	海平面的 冲击试验电压 kV	海拔高度 200m 的 冲击试验电压 kV	海拔高度 500m 的 冲击试验电压 kV
0.80	0.93	0.92	0.90
1.50	1.8	1.7	1.7
2.50	2.9	2.9	2.8
4.00	4.9	4.8	4.7
6.00	7.4	7.2	7.0
8.00	9.8	9.6	9.4
12.00	15	14	14
注：对电气间隙进行试验时，相关的固体绝缘将会承受试验电压。由于脉冲试验电压随着 额定脉冲电压的提高而提高，固体绝缘有更高的脉冲耐受能力。			

【解读】附录 B 规定了不同高度电气间隙修正方法，2000m 以上海拔的电气间隙修正因子、检验不同海拔下电气间隙的试验电压的技术要求与 IEC 62109 - 1 保持一致。

附　录　C
（规范性附录）
功率控制响应时间计算方法

C.1 有功功率控制时间相应特性包括启动时间、响应时间和调节时间。逆变器有功功率设定值响应时间见图 C.1。

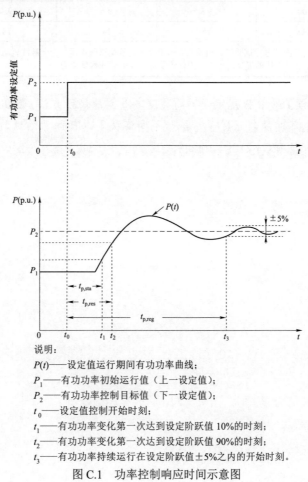

说明:

$P(t)$——设定值运行期间有功功率曲线;

P_1——有功功率初始运行值（上一设定值）;

P_2——有功功率控制目标值（下一设定值）;

t_0——设定值控制开始时刻;

t_1——有功功率变化第一次达到设定阶跃值 10% 的时刻;

t_2——有功功率变化第一次达到设定阶跃值 90% 的时刻;

t_3——有功功率持续运行在设定阶跃值 ±5% 之内的开始时刻。

图 C.1　功率控制响应时间示意图

C.2 有功功率设定值控制启动时间应按式（C.1）进行计算：

$$t_{p,sta} = t_1 - t_0 \qquad (C.1)$$

C.3 有功功率设定值控制响应时间应按式（C.2）进行计算：

$$t_{p,res} = t_2 - t_0 \qquad (C.2)$$

C.4 有功功率设定值控制调节时间应按式（C.3）进行计算：

$$t_{p,reg} = t_3 - t_0 \qquad (C.3)$$

【解读】附录C定义了启动时间、响应时间、调节时间及控制精度的计算方法，同时，有功功率控制及一次调频的响应时间、调节时间和控制误差具体计算方法可参考附录C。

有功功率设定值控制启动时间定义为有功功率变化第一次达到设定阶跃值10%的时刻 t_1 至第一次达到设定阶跃值90%的时刻 t_2 的时间间隔。

有功功率设定值控制响应时间定义为有功功率变化第一次达到设定阶跃值90%的时刻 t_2 至设定值控制开始时刻 t_0 的时间间隔。

有功功率设定值控制调节时间定义为有功功率持续运行在设定阶跃值±5%之内的开始时刻 t_3 至设定值控制开始时刻 t_0 的时间间隔。